图解机械加工技能系列丛书

数控孔精加工刀具选用全图解

杨晓 等编著

Shukong Kongjingjiagong Daoju Xuanyong
Quantujie

全彩印刷

机械工业出版社
CHINA MACHINE PRESS

本书主要针对现代数控孔精加工刀具，结合加工现场的状况，从操作者或选用者的角度，以图解和实例的形式，详细介绍了数控孔精加工刀具的选择和应用技术，力求贴近生产实际。主要内容包括：孔精加工的概念、铰刀、扩孔刀和精镗刀等。本书不仅介绍了数控孔精加工刀具的选择和使用方法，而且介绍了数控孔精加工中常见问题的解决方法。

本书供数控车工、数控铣工、加工中心操作工使用，也可作为普通车工和铣工转数控车工和数控铣工时的自学及短期培训用书，还可作为大中专院校数控技术应用专业的教材或参考书。

图书在版编目（CIP）数据

数控孔精加工刀具选用全图解 / 杨晓等编著 . —北京：机械工业出版社，2018.3
（图解机械加工技能系列丛书）
ISBN 978-7-111-59534-2

Ⅰ . ① 数 … Ⅱ . ① 杨 … Ⅲ . ① 数控刀具 - 图解 Ⅳ . ① TG729-64

中国版本图书馆 CIP 数据核字（2018）第 062130 号

机械工业出版社（北京市百万庄大街 22 号 邮政编码 100037）
策划编辑：王晓洁　责任编辑：王晓洁
责任校对：佟瑞鑫　封面设计：张　静
责任印制：孙　炜
廊坊一二〇六印刷厂印刷
2018 年 6 月第 1 版第 1 次印刷
190mm×210mm · 6.666 印张 · 169 千字
0001—4000 册
标准书号：ISBN 978-7-111-59534-2
定价：42.00 元

序　FOREWORD

>>>>>>>>>>>

　　经过改革开放30多年的发展，我国已由一个经济落后的发展中国家成长为世界第二大经济体。在这个过程中制造业的发展对经济和社会的发展起到了十分重要的作用，也确立了制造业在经济社会发展中的重要地位。目前，我国已是一个制造大国，但还不是制造强国。建设制造强国并大力发展制造技术，是深化改革开放和建成小康社会的重要举措，也是政府和企业的共识。

　　制造业的发展有赖于装备制造业提供先进的、优质的装备。目前，我国制造业所需的高端设备多数依赖进口，极大地制约着我国制造业由大转强的进程。装备制造业的先进程度和发展水平，决定了制造业的发展速度和强弱，为此，国家制定了振兴装备制造业的规划和目标。大力开发和应用数控制造技术，大力提高和创新装备制造的基础工艺技术，直接关系到装备制造业的自主创新能力和市场竞争能力。切削加工工艺作为装备制造的主要基础工艺技术，其先进的程度决定着装备制造的效率、精度、成本，以及企业应用新材料、开发新产品的能力和速度。然而，我国装备制造业所应用的先进切削技术和高端刀具多数由国外的刀具制造商提供，这与振兴装备制造业的目标很不适应。因此，重视和发展切削加工工艺技术、应用先进刀具是振兴我国装备制造业十分重要的基础工作，也是必由之路。

　　近20年来，切削技术得到了快速发展，形成了以刀具制造商为主导的切削技术发展新模式，它们以先进的装备、强大的人才队伍、高额的科研投入和先进的经营理念对刀具工业进行了脱胎换骨的改造，大大加快了切削技术和刀具创新的速度，并十分重视刀具在用户端的应用效果。因此，开发刀具应用技术、提高用户的加工效率和效益，已成为现代切削技术的显著特征和刀具制造商新的业务领域。

　　世界装备制造业的发展证明，正是近代刀具应用技术的开发和运用使切削加工技术水平有了全面的、快速的提高，正确地掌握和运用刀具应用技术是发挥先进刀具潜能的重要环节，是在不同岗位上从事切削加工的工程技术人员必备的技能。

　　本书以提高刀具应用技术为出发点，将作者多年工作中积累起来的丰富知识提炼、精选，针对数控刀具"如何选择"和"如何使用"两部分关键内容，以图文并茂的形式、简洁流畅的叙述、"授之以渔"的分析方法传授给读者，将对广大一线的切削技术人员的专业水平和工作能力的迅速提高起到积极的促进作用。

成都工具研究所原所长、原总工程师

赵炳桢

数控孔精加工刀具选用全图解

前言　PREFACE

>>>>>>>>>>

切削技术是先进设备制造业的组成部分和关键技术，振兴和发展我国装备制造业必须充分发挥切削技术的作用，重视切削技术的发展。数控加工所用的数控机床及其所用的以整体硬质合金刀具、可转位刀具为代表的数控刀具技术等相关技术一起，构成了金属切削发展史上的一次重要变革，使加工更快速、准确，可控程度更高。现代切削技术正朝着"高速、高效、高精度、智能、人性化、专业化、环保"的方向发展，创新的刀具制造技术和刀具应用技术层出不穷。

数控刀具应用技术的发展已形成规模，对广大刀具使用者而言，普及应用成为当务之急。了解切削技术的基础知识，掌握数控刀具应用技术的基础内容，并能够运用这些知识和技术来解决实际问题，是数控加工技术人员、技术工人的迫切需要和必备技能，也是提高我国数控切削技术水平的迫切需要。尽管许多企业很早就开始使用数控机床，但它们的员工在接受数控技术培训时，却很难找到与数控加工相适应的数控刀具培训教材。数控刀具培训已成为整个数控加工培训中一块不可忽视的短板。广大数控操作工和数控工艺人员迫切需要实用性较强的，关于数控刀具选择和使用的读物，以提高数控刀具的应用水平。为此，我们编写了"图解机械加工技能系列丛书"。

该系列丛书以普及现代数控加工的金属切削刀具知识，介绍数控刀具的选用方法为主要目的，涉及刀具原理、刀具结构和刀具应用等方面的内容，着重介绍数控刀具的知识、选择和应用，用图文并茂的方式，多角度介绍现代刀具；从加工现场的状况和操作者或选用者的角度，解决常见问题，力求贴近生产实际；在结构、内容和表达方式上，针对大部分数控操作工人和数控工艺人员的实际水平，力求做到易于理解和实用。

本书是该系列丛书的第 4 本，第 1 本《数控车刀选用全图解》已于 2014 年出版，第 2 本《数控铣刀选用全图解》和第 3 本《数控钻头选用全图解》也先后于 2015 年和 2017 年出版。

本书以数控切削中常用的铰刀、扩孔刀及精镗刀为主要着眼点，以介绍这些刀具的选用为脉络，将铰刀的切削刃结构和几何参数、扩张收缩量及铰刀公差（包括焊接刃口、换头式、导条式、可胀式在内的多种铰刀结构及其特点，使用中的选择、调整、磨损等各种常见问题），扩孔刀和镗刀中广泛涉及的各种模块结构（包括导条式、刀夹式、刀座式和桥式在内的多种扩孔刀结构及其选用）；各种结构的精镗单元和精镗刀（包括线镗刀、数显镗刀、数字化镗刀等多种复合、高效、先进的镗刀结构，镗刀的手动和自动动平衡技术，以及镗削中的动平衡和镗刀减重问题）串联起来，试图使数控刀具的使用者能认识和掌握这些数控孔精加工刀具使用中的知识。

限于篇幅，本书对夹持这些孔精加工刀具的夹持系统（即所谓的刀柄）并未提及。同样，对于展开式刀具（运动刀具）、U 轴刀具（适用于大批量生产的专用高效孔加工刀具）也未专门介绍。

包括铰刀、扩孔刀、镗刀在内的数控刀具，无论在我国还是在国际上都正处于应用发展期，大部分产品和数据在实践中会不断更新，恳请读者加以注意。

本书第 1 部分、第 2 部分由杨晓编写并负责全书统稿，第 3 部分由杨晓、杨鸿志编写，第 4 部分由杨晓、何振虎编写。

在本书的编写过程中，得到了肯纳亚洲（中国）企业管理有限公司、无锡方寸工具有限公司、松德刀具（长兴）科技有限公司的大力支持。在此，作者谨向肯纳的李莹女士、无锡方寸的徐贵海先生和孟宙春先生、松德刀具的李陇涛先生等协助者表示感谢。

在本书的编写过程中，还得到肯纳金属的郭伟清先生和高艳霞女士、威迪亚的李文清先生、北京嘉映机械的董景齐先生、原高迈特的顾春雅女士和宋圆圆先生、玛帕的行百胜先生和龚丹女士、山特维克可乐满的胡庞晨先生和邱潇潇女士、山高刀具的苏国江先生、王魄先生和陆炜先生、瓦尔特刀具的贺战涛先生、原住友电工的汤一平先生、株洲钻石的王羽中先生、斯来福临的沈伟先生、上海通用汽车制造的达世亮先生和许伟达先生、瑞士工具的汪洋先生、陕西新星海的王存亮先生和李楠先生等人士的帮助，在此一并感谢。

目录 CONTENTS

➤➤➤➤➤➤➤➤➤➤

4 精镗刀 …………… 121

1

孔精加工的概念

1.1 孔精加工总体概念

什么是孔精加工？ 我们在《数控钻头选用全图解》一书中给大家介绍了钻削的概念：钻削是在实心金属上钻孔的加工。孔精加工（图1-1）是在已经钻出的孔（预制孔）上进一步进行的加工，包括改变孔的形状、尺寸、精度等，修整孔的尺寸、几何公差和表面质量。

孔精加工刀具（图1-2）有许多种，如扩孔钻、铰刀、粗镗刀、精镗刀等。与钻孔一样，孔的精加工在车床或数控车床上进行时，通常是工件旋转而刀具不旋转，由刀具的移动来完成进给；而在钻床、铣床或数控镗铣床和加工中心进行孔精加工时，通常是工件定位夹紧、固定不动；刀具一面旋转，一面切入工件。

本书介绍的孔的精加工大部分在加工时刀具的直径尺寸相对固定，属于"定尺寸"加工，即孔的直径由刀具直径确定（该尺寸通常可以在加工前调节），通过数控加工完成孔的深度加工，直径不能依靠程序的"补偿"而改变。

还有一些复杂的孔精加工，刀具在旋转和进给的同时，在刀具中间有控制轴或其他方式控制刀具，使刀具的一个或几个切削刃改变位置，称为运动刀具。运动刀具所形成的孔的直径尺寸由运动机构和预调尺寸确定，通过程序控制那些"运动"的切削刃什么时候出来、什么时候退回。

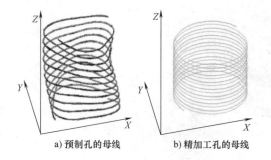

a) 预制孔的母线　　b) 精加工孔的母线

图1-1　孔精加工

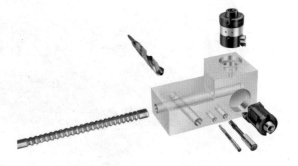

图1-2　孔精加工刀具（图片源自瓦尔特刀具）

1.2 常见的孔精加工刀具

1.2.1 扩孔钻

　　扩孔钻就是将已经有的孔扩大到一定直径和深度的钻头，但其基本原理和使用方法都与钻头非常类似，只是其钻芯的部分没有切削刃（图1-3）。它的切削运动除刀具旋转（或工件旋转）的主运动之外，还有沿轴线方向的进给运动。扩孔钻的扩孔余量是扩孔钻直径与预制孔直径之差的一半。扩孔钻按安装形式可分为锥柄扩孔钻和套式扩孔钻。

　　图1-4a为锥柄扩孔钻，它的柄部是莫式锥柄，在传统加工中有较广泛的应用。与钻头相比，它的结构特点是没有主切削刃，因此无法用于钻孔。图1-4b、c都是套式的扩孔钻，其中图1-4b是高速钢的套式扩孔钻，而图1-4c则是可转位的大直径套式扩孔钻。

　　图1-5所示可转位扩孔钻看上去像一把立铣刀，它与立铣刀的刀体结构几乎相同，但它的刀片结构却不一样。一般立铣刀的主切削刃在圆周上，而扩孔钻的主切削刃是在端齿。因此，使用时只有轴向进给运动，所加工的孔的尺寸与刀具直径一致。在使用方法上，它与插铣刀（参见《数控铣刀选用全图解》图5-23）很相似。只是插铣一般不像扩孔，切削区域不是圆环形的，而是月牙形。

　　扩孔钻在本书中没有重点介绍。

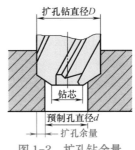

图 1-3　扩孔钻余量

a) 锥柄扩孔钻　　b) 套式扩孔钻　　c) 可转位扩孔钻

图1-4　扩孔钻

图 1-5　可转位扩孔钻
（图片源自肯纳金属）

▶ 1.2.2 锪钻

锪钻看上去与扩孔钻也有些类似，但扩孔钻的外缘一般是参与切削的，所以扩孔钻的直径决定了扩孔直径；但有些锪钻的外缘并不参加切削，常见外缘参加切削的锪钻主要是平底锪钻。

图 1-6 所示为几种锪钻，有的用于锪锥形沉孔，有的用于锪平底沉孔。锪钻加工类型如图 1-7 所示。

锪钻也没有列入本书重点介绍的范围。

▶ 1.2.3 铰刀

铰孔是利用铰刀从工件孔壁切除微量金属层的（典型的铰削余量在 0.15mm 以下）。铰削是对中、小直径的孔进行半精加工和精加工的常用方法，也可用于磨孔或研孔前的预加工。

图 1-8 所示为几种铰刀。

铰刀的品种很多，远不止这些。铰刀和钻头的分类类似，从切削材料可分为高速钢铰刀、硬质合金铰刀、金属陶瓷铰刀、陶瓷铰刀、立方氮化硼铰刀和金刚石铰刀；从加工的孔型可以分为通孔铰刀、不通孔（盲孔）铰刀、圆柱孔铰刀、圆锥孔铰刀、台阶孔铰刀、孔—平面复合铰刀；从装夹方式可以分为直柄铰刀、莫氏锥柄铰刀、7：24 圆锥柄铰刀、刚性柄（卡爪锁紧的空心短圆锥 HSK、多棱短锥柄 CAPTO、钢球锁紧的空心

短圆锥 KM）等；从结构可以分为整体铰刀、装配式铰刀和模块化铰刀；另外还有单刃铰刀、多刃铰刀、直径固定铰刀、直径可调等。

a) 高速钢锥角锪钻　　b) 可转位锥角锪钻　　c) 可转位平底锪钻

图 1-6　锪钻（图片源自川虎工具）

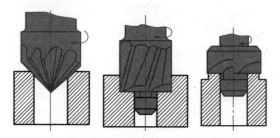

图 1-7　锪钻加工类型

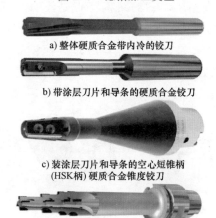

a) 整体硬质合金带内冷的铰刀

b) 带涂层刀片和导条的硬质合金铰刀

c) 装涂层刀片和导条的空心短锥柄
（HSK 柄）硬质合金锥度铰刀

d) 带焊接刀片的多台阶空心短锥柄(HSK 柄)金刚石铰刀

图 1-8　铰刀（图片源自肯纳金属）

关于各种铰刀，将在第 2 章详细介绍，这里不再赘述。

▶ 1.2.4　扩孔刀（粗镗刀）

这里的扩孔刀区别于图 1-4 所示的扩孔钻，一般是尺寸可调的扩孔刀具，又称粗镗刀。大部分的扩孔刀是 2 刃结构，从较小直径（如 20mm）至较大直径（如几百毫米）都有，如图 1-9 所示。

当然，也有多刃的扩孔刀，如山特维克可乐满的 3 刃扩孔刀（图 1-10）。

大部分的扩孔刀是模块化的，通过模块化的刀柄可以得到不同的刀具悬伸量。

有些扩孔刀是特殊定制的，多数由安装在刀体上的一组刀座（图 1-11）构成，它们多直接连着安装在机床上用的刀柄，这些扩孔刀也就是非模块化的。如图 1-12 所示两种装有刀座的特殊扩孔刀。

图 1-10　3 刃扩孔刀（图片源自山特维克可乐满）　　图 1-11　几种小刀座（图片源自瓦尔特刀具）

图 1-12　两种装有刀座的特殊扩孔刀（图片源自瓦尔特刀具）

▶ 1.2.5　精镗刀

精镗刀（图 1-13）是用于孔精加工的刀具，大部分的精镗刀只有一个可调整尺寸的刀齿。与扩孔刀类似，大部分的精镗刀都是模块化的，通过模块化的刀柄可以得不同的刀具悬伸量。

图 1-9　双刃扩孔刀（图片源自瓦尔特刀具）

图 1-13 精镗刀（图片源自瓦尔特刀具）

现在，镗刀加入传感器也成为一种趋势，如图 1-14 所示的单刃数字化精镗刀。还有一些精镗刀中加入了无线传输系统，能与镗床进行无线数字通信，或测出镗刀的状态，或控制镗刀进行加工。

▶ 1.2.6 圆拉刀

圆拉刀（图 1-15）是拉圆孔的拉刀，其典型结构如图 1-16 所示。

圆拉刀是一种特殊的刀具，它工作时只有一个运动——主运动。圆拉刀的进给量是依靠齿升量（即后一个刀齿比前一个刀齿高，高出的量就是单齿进给量），圆拉刀的齿升量就是拉削时的进给量（图 1-17）。拉削时由拉床的卡爪夹紧圆拉刀的

图 1-14 单刃数字化精镗刀
（图片源自瓦尔特刀具）

图 1-15 圆拉刀

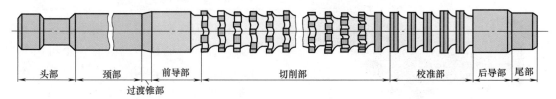

头部　颈部　前导部　　切削部　　校准部　后导部　尾部

过渡锥部

图 1-16 圆拉刀的典型结构

头部，拉动整个拉刀由前导部（直径略小于预制孔）、切削部、校准部、后导部依次通过并完成切削。切削部的圆拉刀刀齿都有齿升量，即每圈刀齿的直径大于前一圈的刀齿直径。一些圆拉刀靠近头部的刀齿作为粗加工齿，齿升量较大，靠近校准部的齿升量较小，作为精加工齿；也有一些为考虑制造的经济性，所有切削部的刀齿采用相同的齿升量。

圆拉刀切削部的相邻两齿如果都是完整的圆形，那么每个刀齿的切削图形都是一个圆环，这对于刀齿负荷和排屑都是非常不利的。因此，圆拉刀大多采用轮切方式，图 1-18 所示就是其中的一种方式，图中 Ⅰ、Ⅱ、Ⅲ 分别是一组刀齿，每组刀齿由 3 个刀齿组成，分别完成一部分切削任务，一组齿完成该组全部任务。

圆拉刀大部分用高速钢制造。

纯粹的只拉圆孔的拉刀现在并不多见，更多的是花键与孔的复合拉刀。

圆拉刀同样没有列入本书重点介绍的范围。

▶ 1.2.7 运动刀具

运动刀具（展开式刀具）是能够通过控制轴或其他方式在加工过程中按预定轨迹改变刀尖位置的一类刀具，如图 1-19 所示，通过中间驱动杆（浅灰色）的左右运动，轴线与其相交的刀具臂（蓝色）受到

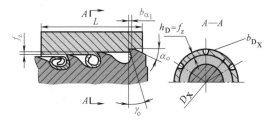

图 1-17　圆拉刀的几何参数、切削图形

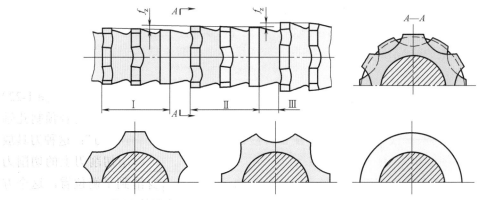

图 1-18　圆拉刀的轮切示意图

连杆臂（绿色）的约束，连杆臂与刀具壳（橙色）铰接，使得刀具臂只能沿红色箭头呈圆弧摆动，从而驱动刀具臂端部的刀片（黄色）完成加工工件内表面球形表面的加工任务。

由于篇幅问题，运动刀具（展开式刀具）没有列入本书重点介绍的范围。

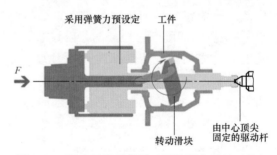

采用弹簧力预设定　工件

F

转动滑块

由中心顶尖固定的驱动杆

图1-19　运动刀具示意图（图片源自玛帕刀具）

1.3 铰削与镗削的差别

铰削与镗削尤其是精镗有时较易混淆。它们加工的余量、切削的特征在相当程度上是一致的，两者都要改变孔的尺寸精度、孔的形状精度和孔的表面质量。从功能上，两者是有差异的。

铰削只改变孔的尺寸精度、形状精度和表面质量，它所加工的孔的轴线应该与原来的预制孔基本一致。但镗削除此之外还要改变孔的位置精度，如预制孔的位移、倾斜等，它所加工的孔应该与刀具自身的旋转轴基本一致。

因此，作为铰削用的铰刀一般需要有引导刀具沿着预制孔轴线进给的结构，如铰刀本身柔性较大、细长，或在铰刀的中段加上较细的刀颈（图1-20），刀具的角度（尤其是主偏角）较小等；而镗刀则需要尽可能加强刚性（图1-21），使刀具不易发生偏转。

因此，镗刀不会专门做出细颈，也会使用专门的"对中"刀柄，确保刀具的轴线与机床的轴线既不偏移，也不形成偏转。

由于这些镗刀的切削刃结构与铰刀极其类似，故将其纳入铰刀章节一并介绍。并且，这类被认作"铰刀"的镗刀所需要的"对中"刀柄，也在铰刀一章中加以介绍。但提示各位读者：**真正的铰刀不需要"对中"刀柄**，铰刀的轴线应该由预制孔的轴线确定，即希望铰刀沿着预制孔的轴线进给。

因此，有种被称为浮动镗刀（图1-22）的刀具，其设计基础是刀具随着预制孔轴线推进，应称为"浮动铰刀"：这种刀具放在刀杆的方孔中，两个切削刃上的切削力会使浮动刀具本身滑到平衡位置，这个方式其实更符合铰刀的定义。

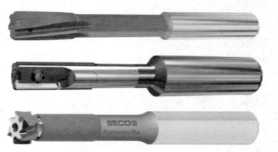

图 1-20　带细颈的铰刀（图片源自肯纳金属和山高刀具）

图 1-21　镗刀需要尽可能加强刚性（图片源自肯纳金属）

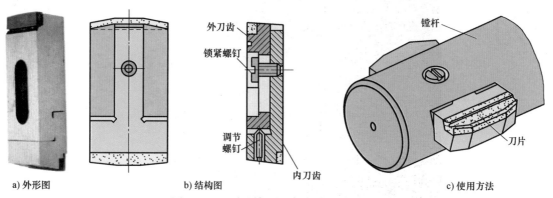

a) 外形图　　　　　　b) 结构图　　　　　　c) 使用方法

图 1-22　"浮动镗刀"应改叫"浮动铰刀"

2

铰刀

2.1 铰刀与铰削加工概要

▶ 2.1.1 铰削加工特点

铰孔是利用铰刀从工件孔壁切除少量金属层。铰削一般用来对中、小直径的孔进行精加工，也可用于精度高的孔在磨孔或研孔前的预加工。在铰削加工之前，被加工孔一般需经过钻孔，有时在钻孔或铸孔之后还经过扩孔加工。铰削与钻削类似，既可以在工件旋转的车床和数控车床上使用，也可以在刀具旋转的钻床、普通铣床和数控铣床、加工中心上使用。

与内孔车削刀尖单点受力，刀具容易产生弯曲变形从而影响孔径不同，铰刀相对比较对称的多点受力能使铰刀本身在直径方向上的受力趋于平衡，孔的尺寸相对稳定（图 2-1）。

各种孔加工方法的加工精度和表面粗糙度如图 2-2 所示，其中蓝色部分是该方法可以轻而易举达到的水平，绿色部分是大部分都可以达到的加工水平，而黄色部分则与机床设备、刀具、加工参数、工件材料等各种工艺细节和加工经验密切联系才能达到的加工水平。由图可见，铰削通常可以达到的孔的公差是 IT6 ～ IT8，表面粗糙度可以达到 $Ra0.8 \sim 1.6\mu m$，$Rz6.3 \sim 16\mu m$ 的水平；但各种工艺条件合适，孔的公差也可达到 IT4，表面粗糙度达到 $Ra0.2\mu m$ 或 $Rz1.6\mu m$ 的高水平。

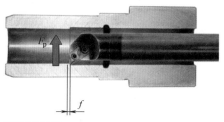

- 不稳定的工艺
- 小进给

f＝进给量；F_p＝背向力（径向力）

a) 车刀单刃受力

- 更快的切削效率
- 改进工艺能力
- 无须调整

b) 铰刀多刃受力

图 2-1　车刀与铰刀受力对比示意图（图片源自高迈特）

尺寸公差		IT12	IT11	IT10	IT9	IT8		IT7	IT6		IT5	IT4	IT3	IT2	IT1
表面粗糙度	Ra/μm	50	25	12.5	6.3	3.2		1.6	0.8		0.4	0.2	0.1	0.05	0.025
	Rz/μm	160	100	63	40	25	16	10	6.3	4	2.5	1.6	1	0.63	0.25
钻孔															
粗镗															
精镗															
铰孔															
磨削															
珩磨															
挤光															

图 2-2　各种孔加工方法的加工精度和表面粗糙度（图片源自高迈特）

　　铰刀属于精加工工序的定尺寸刀具（即加工尺寸不可调整，不包括微量的精调整），能以大进给获得小公差和高表面质量，通常用于大批量生产。使用的基本方式由刀具的自身旋转（在车床上多为工件旋转）得到基本的切削速度（图 2-3 中的红色箭头），由刀具的轴向移动得到进给运动（图 2-3 中的黄色箭头），而铰削余量则是铰完尺寸与铰前尺寸之差的一半（图 2-3 中的两个绿色箭头之间）。

　　铰刀对孔的表面粗糙度，不仅反映在评定轮廓的算术平均偏差 Ra（图 2-4）、轮廓最大高度（GB/T 3505—1983 中 Ry 的概念，GB/T 3505—2009 中用 Pz、Rz、Wz 表示，如图 2-5 所示，不是 GB/T 3505—1983 中微观不平度十点高度 Rz 的概念，GB/T 3505—2009 已无此概念，如图 2-6 所示）这样的常见参数上，以及常常反映在轮廓支承长度率 Rmr（c）这个附加参数上。由于这一参数的使用并不普及，本书先介绍一下主要概念。

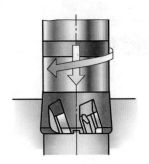

图 2-3　铰削切削参数
（图片源自山特维克可乐满）

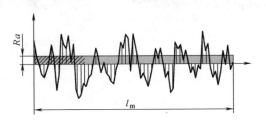

$$x=l_\mathrm{m}$$
$$Ra=\frac{1}{l_\mathrm{m}}\int[y]\mathrm{d}x$$
$$x=0$$

在取样长度内，沿测量方向(Y方向)的轮廓线上的点与基准线之间距离绝对值的算术平均值

图 2-4　表面粗糙度中 Ra 的概念（图片源自高迈特）

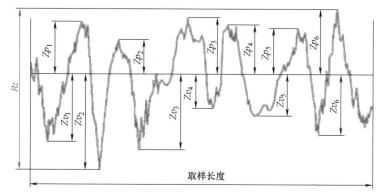

图 2-5　轮廓最大高度 Rz 的概念

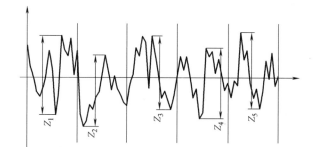

$$Rz = \frac{1}{5}(Z_1 + Z_2 + Z_3 + Z_4 + Z_5)$$

指在取样长度内5个最大轮廓峰高的平均值和5个最大轮廓谷深的平均值之和

图 2-6　表面粗糙度中原来的 Rz 概念（图片源自高迈特）

如果图 2-7 所示，该图表达了"在水平截面高度 c 上轮廓的实体材料长度 Ml（c）"的概念：在一个给定水平截面高度 c 上用一条平行于 X 轴的线与轮廓单元相截所获得的各段截线长度之和。其中对截线的要求一是平行于 X 轴，二是经过轮廓顶部。下面介绍的"轮廓支承长度率"正是基于这一概念。所谓"轮廓支承长度率"是指在给定水平截面高度 c 上轮廓的实体材料长度 Ml（c）与评定长度的比率，可以用 Pmr（c）、Rmr（c）、Wmr（c）来表示，而本书采用 Rmr（c）来表示。

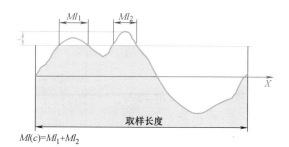

$Ml(c)=Ml_1+Ml_2$

图 2-7　轮廓的实体材料长度的概念

由于轮廓支承长度率 $Rmr(c)$ 是在给定的水平截面高度 c 上得出的，也就是说同一个表面的不同水平截面高度会得到不同的轮廓支承长度率。因此，要较完整地了解一个表面的支承水平，需要从不同的水平截面高度去了解，这就引出了下一个概念：轮廓支承长度率曲线。这一曲线表示轮廓支承率随水平截面高度 c 变化关系的曲线（图2-8），可以理解为在一个评定长度内，各个坐标轴值 $Z(x)$ 采用累积的分布概率函数。

图2-8 中 c 值较小时，得到了 20% 的轮廓支承率（紫线）；稍增大后得到 40% 的轮廓支承率（蓝线）；再增大则可分别得到 60%（绿线）和 80%（橙线）的轮廓支持率。

图2-9 是几种 Rz 均为 $1\mu m$，Ra 也相差不大（为 $0.2\mu m$ 或 $0.25\mu m$），在同样的水平截距（$c=25\mu m$）

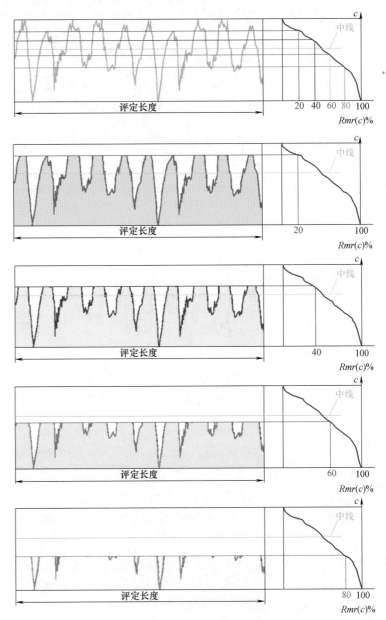

图2-8　轮廓支承长度率曲线的概念

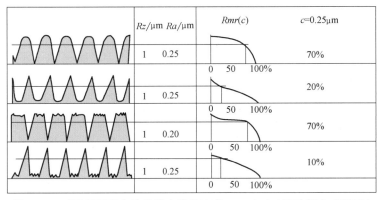

图 2-9　不同表面形态的轮廓支承长度率 *Rmr*（*c*）（图片源自高迈特）

时轮廓支承长度率（*tp*）有较大差异，有的能到 70%，而有的只能达到 10%。据研究，这一指标能直观地反映零件表面的摩擦磨损性能，对提高表面支承能力，延长零件的寿命具有重要的意义。

　　图 2-10 所示为不同加工方式在加工 42CrMo 时的轮廓支承长度率曲线。可以看到，在大部分情况下，铰削所得到的轮廓支承长度率与磨削接近。

2.1.2　铰刀分类

　　铰刀主要分为手用铰刀和机用铰刀。手用铰刀通常在尾部带有方榫以方便连接铰刀扳手（图 2-11），而数控加工所用的都

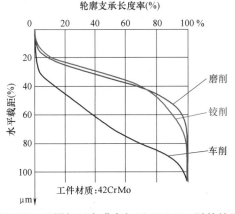

图 2-10　不同加工方式在加工 42CrMo 时的轮廓支承长度率曲线（图片源自高迈特）

图 2-11　手用铰刀及其扳手

是机用铰刀。手用铰刀的刃口常用材料是碳素工具钢或合金工具钢，而机用铰刀的刃口常用材料是高速钢、硬质合金（含金属陶瓷）、陶瓷、立方氮化硼和金刚石。由于数控机床的工缴（指机床在加工时间内的折旧费用）较高，其所用的铰刀材料一般不建议使用高速钢。

■ 铰刀总体结构

按铰刀安装结构分，主要可以分为直柄铰刀、锥柄铰刀、套式铰刀、可调节手用铰刀、可换刀头式铰刀、刀片式带导条铰刀、可换刀环式铰刀和可转位刀片铰刀多种。

前四种结构比较常见（图 2-12），其中可调节手用铰刀的刀片（淡橙色）底面与刃口有一定的夹角，带有细牙螺纹的刀杆（淡紫色）上开有可供刀片移动的同样斜度的导槽，刀片在前调节螺母（天蓝色）和后调节螺母（翠绿色）调节下可以进退，从而调节铰刀的工作直径。这类铰刀的调节范围通常为 0.03 ～ 0.05mm。

后四种铰刀是新型（图 2-13）刀具，这四种铰刀都不是整体的结构，其内部安装方式各不相同，但其组装之后依然是直柄、锥柄、套式的基本结构。

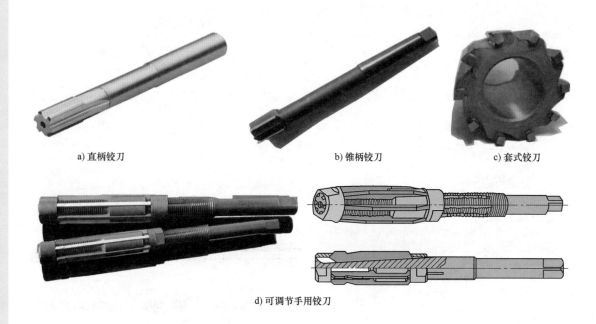

a) 直柄铰刀　　　　　　　　b) 锥柄铰刀　　　　　　　　c) 套式铰刀

d) 可调节手用铰刀

图 2-12　几种传统的铰刀结构

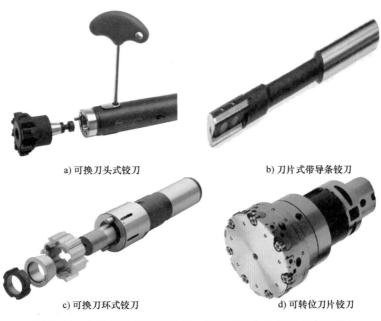

a) 可换刀头式铰刀　　　　　b) 刀片式带导条铰刀

c) 可换刀环式铰刀　　　　　d) 可转位刀片铰刀

图2-13　几种新型的铰刀结构（图片源自高迈特和山高刀具）

▶ 2.1.3　传统机用铰刀的基本结构

■ 铰刀的组成部分

铰刀与钻头类似，主要也由三部分组成：

1）工作部分：带有切削刃和容屑槽的部分（图2-14中红色部分）。

图2-14　机用铰刀组成部分

2）柄部：用以夹持和驱动的部分（图2-14中蓝色部分）。

3）颈部：工作部分和柄部之间的过渡部分（图2-14中黄色部分）。这一部分在功能上起引导铰刀沿预制孔轴线进给的作用。

■ 工作部分的结构要素

铰刀的工作部分，又可以分为三个部分：

1）引导锥（图2-15中绿色部分），它的作用是将铰刀引导进已加工完成的预制孔，使铰刀的中心线与预制孔的中心线重合。

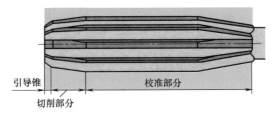

图2-15　机用铰刀工作部分的组成

2）切削部分（图 2-15 中棕黄色部分），可切除铰削余量。

3）校准部分（图 2-15 中浅蓝色部分）主要承担保证方向、校准尺寸、修光作用。

■ 铰刀的旋向和切削方向

铰刀根据螺旋方向（简称"旋向"）和切削刃方向（简称"切向"），可以分为右旋右切、左旋右切、左旋左切和右旋左切四种（图 2-16）。

切向主要取决于机床主轴的旋转方向，常见的切向是右切。当铰刀为右切时，右旋铰刀的刃倾角为正向，切屑向已加工表面（即刀柄方向）排出；左旋铰刀的刃倾角为负值，切屑会向前排出，这种旋向和切向组合的切屑向未加工表面排出，切屑不易卡在铰刀的后面和已完成铰孔的孔之间，因此不易拉伤铰完的加工表面，孔的表面质量更容易得到保障。

但是，当铰刀的旋向和切向不同时，切削刃的实际切削前角会减小，这对于切削层厚度较小（即铰削余量较小）、刃口钝化值又较大时，会导致不易切入而出现打滑现象，容易引起刀具振动。

■ 铰刀几何角度

◆ 切削齿的几何角度

铰刀切削部分（图 2-15 中棕黄色部分）刀齿（简称"切削齿"）的基本几何角度如图 2-17 所示。铰刀切削部分的每个刀齿有前面、主后面、副后面等部分，切屑由前面（又称"前刀面"）流出，主要的切削工作由前面和主后面的交线的主切削刃（图中紫色）承担，修光已加工孔的表面主要由前面和副后面的交线副切削刃（图中青色）承担，主、副切削刃的交点是刀尖（图中红色），这些概念与车刀、铣刀、钻头是一致的。铰刀的主偏角 κ_r 以利于在一定的长度上分配切削量，但切削齿不带有刃带（图 2-17 中 b_α 为刃带宽）。主剖面 $A—A$（剖切位置如图中粗红黑线所示，剖示图以淡红底色）上的切削角度是前角 γ_o（图中红色所示）和后角 α_o（图中绿色所示）。径向剖面 $B—B$（剖开位置如图中粗绿黑线所示，剖示图以淡绿底色）上的切削角度是背前角（径向前角）γ_p（图中红色所示）和背后角（径向后角）α_p（图中绿色所示）。当铰刀的刀齿不平行于铰刀轴线时（图 2-16），就有了螺旋角即圆周刃口的侧前角（轴向前角）γ_f，而在主切削刃上就成了刃倾角。刃倾角的正负则取决于旋向和切向的组合：旋向与切向相同取正值，旋向与切向相反取负值。

• 主偏角 κ_r：

主偏角会影响铰刀上切削层的参数（图 2-18）：在同样的进给量 f_z 下，主偏角 κ_r 较大时（图中为红色的 κ_{r1}），切削层厚度较大（h_1）而切削层宽度较窄（l_1），切削负荷较为集中，这种主偏角适用于较容易切入的工件材料，可防止刃口打滑；而主偏

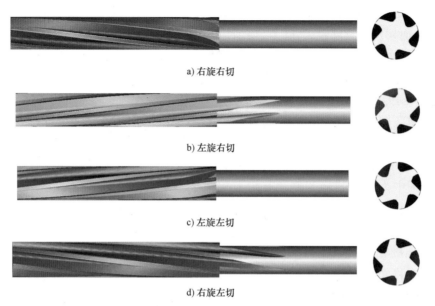

a) 右旋右切

b) 左旋右切

c) 左旋左切

d) 右旋左切

图 2-16　不同旋向和切向的铰刀（图片来源：斯来福临）

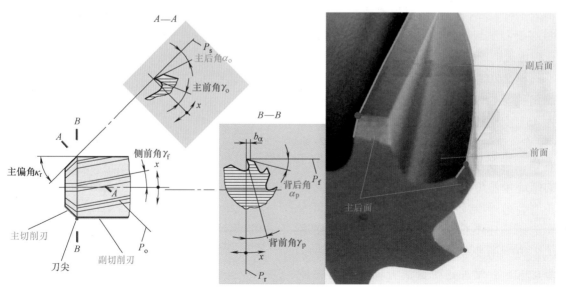

图 2-17　铰刀切削部分的主要几何角度

角 κ_r 较小时（图中为蓝色的 κ_{r2}），切削层厚度较小（h_2）而切削层宽度较大（l_2），切削负荷较为分散，更适用于较硬的工件材料；故主偏角也会影响是否容易切入工件，影响切削齿上切削力的分配，如图 2-19 所示：较小的主偏角（图中为蓝色的 κ_{r2}）会有较大的背向力（径向力）F_p 和较小的进给力（轴向力）F_f，有利于轻巧地切入；而较大的主偏角（图中为红色的 κ_{r1}）则会有较大的进给力 F_f 和较小的径向力 F_p。

- 侧前角 γ_f

铰刀的螺旋角 β 就是铰刀的侧前角 γ_f（图 2-17），而且随着切削刃选定点所在的直径变小而随之变小（这点可参阅《数控钻头选用全图解》的图 2-24），这一点与钻头一样。通常分析铰刀外圆处的侧前角，因为铰刀参与切削的直径范围很小，集中在接近外圆的那段。

图 2-20 所示为铰刀主偏角和螺旋角对前角的影响（径向前角为 5°）。当主偏角为 45° 时（图中橙色线条），–5° 的螺旋角（螺旋角负值是旋向和切向不一致，即左旋右切或右旋左切）前角减小为 0°，–10° 的螺旋角前角减小为约 –3.5°，–15° 的螺旋角则会进一步减小到 –7.3°。而负螺旋角的实际影响还不止这些，它还可能由于切屑流出方向的变化而使排屑方向的前角进一步加大，并增加这个排屑方向上的刀尖钝化值。

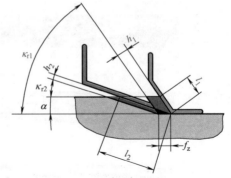

图 2-18 铰刀主偏角对切削层的影响
（图片来源：高迈特）

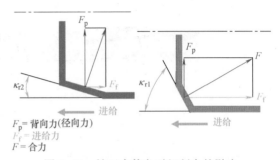

F_p = 背向力(径向力)
F_f = 进给力
F = 合力

图 2-19 铰刀主偏角对切削力的影响
（图片来源：肯纳金属）

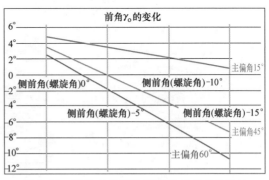

图 2-20 铰刀主偏角和螺旋角对前角的影响
（背前角为 5°）

■ 铰刀刀齿分布

传统铰刀大部分是多齿的，这就涉及一个问题，即刀齿的分布问题。

图 2-21 所示为等分齿铰刀和不等分齿铰刀。一般认为，等齿距分布（又称"等分齿"）的铰刀制造和测量都容易（通常价格也相对较低），应用比较广泛。

但等距分布的铰刀在遇到工件中有硬质点等情况时就会出现周期性的让刀现象，致使所铰的孔质量不佳，往往形成多边形孔，难以得到较高质量的孔。因此，为避免因铰刀颤振而使刀齿切入的凹痕定向重复加深，许多铰刀常采用不等齿距分布（又称"不等分齿"）。

图 2-21a 中蓝色的铰刀代表等分齿铰刀，各齿之间的角度 W 完全相同。图 2-21b 中黄色代表不等分齿铰刀，6 齿铰刀的齿间有 W_1、W_2 和 W_3 三种夹角，这种铰刀三组齿都可以测量直径（现代铰刀多为只有一组可测量直径，其他齿不可用于测量直径，这个问题留到后面介绍）。图 2-21c 中则是

等分齿和不等分齿叠加对比的图形。

 2.1.4　铰孔尺寸的变化与铰刀公差

■ 铰削过程中的扩张量与收缩量

在切削加工实际生产过程中，各类定尺寸刀具在切削过程中均存在不同程度的扩张或收缩，特别是在中小孔的精加工中最常用的铰刀。由于铰削时的加工余量较小，一般为 0.05～0.20mm，有分析认为铰刀的几何角度（主偏角 κ_r、刀尖圆弧半径 r_ε 和切削刃钝圆半径 r_n 等）决定了铰削过程是一个非常复杂的切削、挤光和摩擦的过程，所以在铰削过程中更易发生孔径扩张和收缩现象。

◆ 孔径扩张的原因

在铰削过程中，由于铰孔的余量不均匀和铰刀刀齿径向圆跳动量的存在，导致铰刀在铰削过程中受力不平衡，加上铰刀的导向间隙、导向部分不圆、积屑瘤（低速积屑瘤）的形成以及铰刀安装误差等原因，造成铰出的孔有扩大现象，即孔的直径大于铰刀的直径，差值即为扩张量。

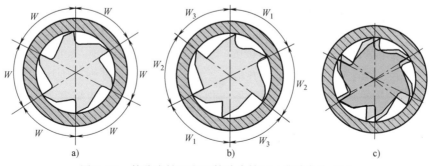

图 2-21　等分齿铰刀和不等分齿铰刀（背前角为 5°）

◆ 孔径收缩的原因

如图 2-22 所示，由于刃口处工件材料的变形区 Ⅲ 受刀尖挤压产生弹性变形，待切削刃离开后（即后面的压力消失后）这部分材料弹性恢复，加上热变形等因素的影响，造成铰出的孔孔径有收缩现象，即孔径小于铰刀直径，其差值即为收缩量。

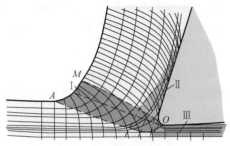

图 2-22　切削刃的切削

◆ 影响铰孔扩张量或收缩量的一些因素

• 影响铰孔扩张的主要因素

有分析认为多种因素都会影响孔的扩张量，例如：

1）被加工材料：有色金属（例如铝合金）的铰孔加工。

2）刀具：铰刀没有对准工件中心形成安装误差、铰刀刀齿的径向圆跳动较大、铰刀切削刃轴参数向位置不一导致某个刀齿负荷加重、铰刀轴线产生偏移、产生积屑瘤等。

3）切削用量：进给量不合适或加工余量太大、转速太高使得切削温度上升太快。

4）机床：机床主轴的径向圆跳动大、机床主轴存在轴向窜动。

5）刀柄：刀柄夹持精度不高，夹持后刀具的头部中心偏离主轴转动中心。

6）切削液：没有足够的切削液有时也会引起铰孔出现积屑瘤，从而扩大孔径。

• 影响铰孔收缩的主要因素

1）被加工材料：黑色金属（例如粉末冶金、铸铁）的铰孔加工。

2）切削液：切削液选用不同可能导致收缩量加剧。例如加工铸铁时使用水溶性切削液（如乳化液）冷却时的收缩量为 0.002 ～ 0.015mm，又如使用油溶性切削液（如煤油）冷却，收缩量可能增大为 0.02 ～ 0.04mm。

3）切削刀具本身的几何角度（例如前面提到的 -15° 螺旋角和 45° 主偏角的组合）和刀具钝化，用硬质合金铰刀（通常钝化较大）铰削较软的材料也会导致收缩量增加。

扩张和收缩在不同条件下也可能发生在同一种材质的工件上，如铸铁。上汽通用的应用表明，对表面粗糙度 Ra 要求不高时常常不用切削液，此时铰出的孔产生扩张现象；但当铰孔表面质量要求较高（如 $Ra < 1.6\mu m$）时则必须用切削液，而这时铰出的孔会产生收缩现象：这是由于切削层厚度很小（通常仅 0.025 ～ 0.10mm），切削刃表面的膜层加大了等效的钝圆半径 r_n，导致铰出的孔产生收缩现象。

图 2-23 是上汽通用曾记录的一把未涂层的硬质合金铰刀（主偏角 κ_r 为 75°，6 刃）加工粉末冶金材质的 2.0L 缸盖导管孔从锋利到磨损的过程（其切削用量为：主轴转速 n=1600r/min；进给量 f=0.192mm/r；加工余量 a_p=0.35mm；切削液：牌号 VB17BC、浓度为 9% ～ 11% 的乳化液），其刀具直径的变化与工件加工孔径的尺寸关系。上汽通用的工艺人员对此图的解读是：当铰刀加工工件在 255 件以下时，铰刀直径几乎没有变化，但工件的实测尺寸则由上极限尺寸逐渐过渡到下极限尺寸。这种现象说明铰刀刚开始试切时，刃口处于锋利状态；但随着铰刀刃口的磨钝，主切削刃与副切削刃交汇处的钝圆半径 r_n 逐渐变大，铰刀的后面对导管孔壁的挤光摩擦的作用越来越大（分屑位置不断提高，如图 2-24 所示），切削方式也由首件的切削加工为主，渐渐过渡到末件的挤光切削加工为主；待铰刀加工完毕退出导管孔后，加工末期工件孔壁的弹性变形比加工初期有所增大，也就是说孔收缩量随之增大，从而出现加工工件的孔径尺寸越来越小，直至工件尺寸下降到加工要求的下极限尺寸。

■ 铰刀的公差

对于孔径扩张和孔径收缩两种状况，需要用不同的铰刀。铰刀公差构成如图 2-25 所示。

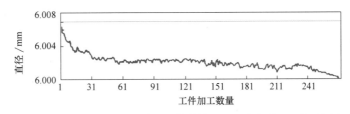

图 2-23　铰刀直径的变化与工件加工数量关系（图片来源：上汽通用公司）

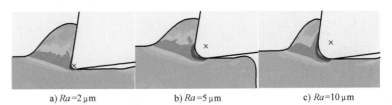

a) $Ra=2\,\mu m$　　　b) $Ra=5\,\mu m$　　　c) $Ra=10\,\mu m$

图 2-24　钝圆半径对分屑点位置的影响（图片来源：上海交通大学）

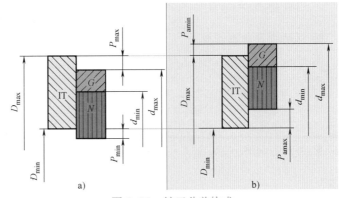

图 2-25　铰刀公差构成

图 2-25a 所示的铰孔具有扩张量，其中 P_{min} 是最小扩张量而 P_{max} 则是孔最大扩张量。图 2-25b 所示的铰孔具有收缩量，其中 P_{amin} 是最小收缩量而 P_{amax} 则是孔最大收缩量。两图中黄色标有"IT"的是孔的公差带，绿色标有"G"的是铰刀制造公差，而暗红标有"N"的是铰刀的留磨量（即为铰刀刃磨后直径会减小留出的预留量）。

对于会使孔产生扩张量的铰刀，铰刀的公差带应位于孔公差带的下方，孔的上极限尺寸与铰刀直径之差应小于最大扩张量，这样即使铰刀的尺寸位于上极限尺寸，加上最大的扩张量也不会超过孔的上极限尺寸；而当铰刀重磨后实际直径加上最小扩张量后，小于孔的下极限尺寸时，铰刀便应该报废、停止使用，因为此时铰出的孔的尺寸可能会超出极限。

对于会使孔产生收缩量的铰刀也类似，即铰刀的公差带应位于孔公差带的上方，铰刀直径与孔的上极限尺寸之差应大于最小收缩量，这样即使铰刀的尺寸位于上极限尺寸，减去最小的收缩量也不会超过孔的上极限尺寸；而当铰刀重磨后实际直径减去最大收缩量后，小于孔的下极限尺寸时，铰刀也应该报废、停止使用，因为此时也会有部分被铰孔的尺寸超出极限。

2.2 数控铰刀

▶ 2.2.1 基本结构

■ 焊接刃口的数控铰刀

焊有硬质合金刀片的铰刀是数控铰刀的基本形式。

焊接式数控铰刀常分为单刃焊接铰刀和多刃焊接铰刀两种类型，如图 2-26 所示。

◆ 单刃焊接铰刀

单刃焊接铰刀类似于《数控钻头选用全图解》第 5 章"深孔钻"中的"枪钻"。

目前，大部分单刃焊接铰刀已被机夹式的单刃导条铰刀所取代。关于单刃导条铰刀，稍后介绍。

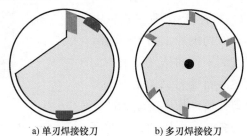

a) 单刃焊接铰刀　　b) 多刃焊接铰刀

图 2-26　焊接刃口的数控铰刀分类

◆ 多刃焊接铰刀

• 旋向和切向

多刃焊接铰刀，可参照传统铰刀分为直槽和螺旋槽（因焊接刃铰刀通常切削刃较短，其与斜槽基本相同），螺旋槽（或斜槽）可分为左旋和右旋，如图2-27所示。

图2-28所示为刀齿旋向对排屑方向的影响（指常规的右旋铰刀）。当刀齿左旋（旋向和切削方向相反）切屑向前排出；直齿铰刀的切削刃既可向前排出又可向后排出；右旋铰刀（旋向与切削方向相同）的切屑向后方排出。

a) 直齿   b) 右旋螺旋齿   c) 左旋螺旋齿

图 2-27　铰刀刀齿的旋向（图片来源：肯纳金属）

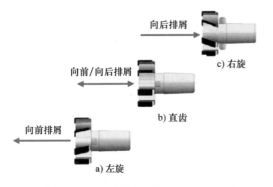

向后排屑

c) 右旋

向前/向后排屑

b) 直齿

向前排屑

a) 左旋

图 2-28　刀齿旋向对排屑方向的影响
（图片来源：高迈特）

• 切削刃结构

焊接铰刀的切削刃结构与车刀的切削刃类似，其切削刃结构如图2-29所示。

图中淡绿色的是前面（又称"前刀面"），前面边缘红粗线为主切削刃，蓝粗线为副切削刃。这两条切削刃主要起切削的作用。与主切削刃相邻的是主后面（又称"主后刀面"，图中淡红色的面）；与主后面相连又对着加工表面的是第二后面（图中粉红色的面）；与副切削刃相邻的是第一后面（径向刃带，指后角为"零"的副后面），第一后面的主要作用是挤光和导向。

目前，数控铰刀的主切削刃通常不再是一整段的直线切削刃，而是两段直线组成的折线刃。因此，常用两个角度分别标注这些铰刀两段主切削刃各自的主偏角。图2-30a所示为单段45°主偏角；图2-30b所示为45°/8°双主偏角结合，代表主切削刃为45°主偏角，过渡刃为8°主偏角的折线刃；而图2-30c所示为30°/4°双主偏角结合，代表主切削刃为30°主偏角，过渡刃为4°主偏角的折线刃。

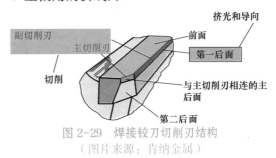

挤光和导向

副切削刃

主切削刃

前面

第一后面

切削

与主切削刃相连的主后面

第二后面

图 2-29　焊接铰刀切削刃结构
（图片来源：肯纳金属）

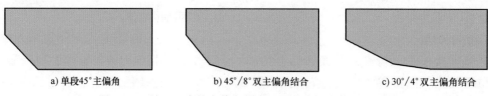

a) 单段45°主偏角　　　　b) 45°/8°双主偏角结合　　　　c) 30°/4°双主偏角结合

图 2-30　铰刀刀齿的主偏角组合（图片来源：肯纳金属）

分析表明，主偏角对切屑厚度有影响（图 2-31a）。这种影响与车刀、铣刀中主偏角的影响基本一致，在此不再赘述，有兴趣的读者请参阅《数控车刀选用全图解》的图 3-33 或者《数控铣刀选用全图解》的图 2-15 及其相关叙述。

实践表明，增加的一段折线刃对于改善工件的表面有明显作用。图 2-31b 中蓝线是 45°主偏角加工的表面粗糙度值，红线是 45°/8°双主偏角结合加工的表面粗糙度值，而绿线则是 30°/4°双主偏角结合加工的表面粗糙度值；同样以 1.2mm/r

的进给量，45°主偏角加工的表面粗糙度达约 2.7μm，45°/8°双主偏角结合加工的表面粗糙度值就下降到约 1.3μm，下降了约 50%，表面质量得到很大改善；而如果采用 30°/4°双主偏角结合加工，表面粗糙度值会降到约 0.3μm。但要注意，当铰刀的主切削刃减少时，虽然表面粗糙度能得到有效改善，铰刀的可用切削深度却会下降。如图 2-32a 所示，表达了不同加工余量对被铰孔表面粗糙度的影响：红色部分余量太小，刀尖往往不能有效切入工件，在工件表面挤压、拉扯，会划伤工件表面；绿色部分余量

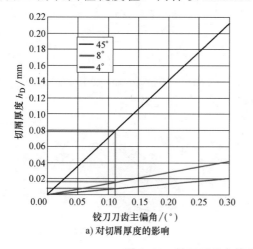

a) 对切屑厚度的影响

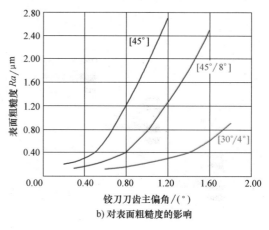

b) 对表面粗糙度的影响

图 2-31　铰刀刀齿主偏角的影响（图片来源：高迈特）

太大，有时主切削刃可能无法覆盖加工余量（如图 2-32b 所示，绿线代表已超过余量，但端面有后角形成 90°主偏角刀齿除外），这种状况下也同样很难得到理想的铰孔表面（与切削刃的主偏角有关，铰刀的主偏角越小往往可用的最大切削深度越小，越容易出现余量过大的情况）。图 2-33 所示为铰刀几种主偏角的外形图。

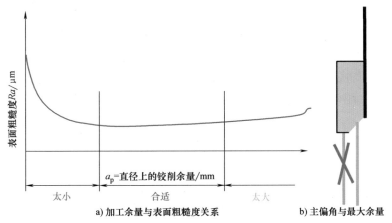

a) 加工余量与表面粗糙度关系　　　　　　b) 主偏角与最大余量

图 2-32　铰刀合适的余量（图片来源：肯纳金属）

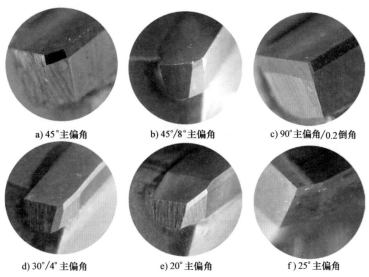

a) 45°主偏角　　　　b) 45°/8°主偏角　　　　c) 90°主偏角/0.2 倒角

d) 30°/4°主偏角　　　　e) 20°主偏角　　　　f) 25°主偏角

图 2-33　铰刀几种主偏角的外形图（图片来源：高迈特）

- 齿数

多刃铰刀的齿数与被铰削孔的几何形状存在关联性。刃口数量会影响孔的圆度，即通常形成的多边形的棱边数是比刃数的 n 倍（n 为整数）多1，因此2刃铰刀易形成3棱、5棱、7棱孔，4刃铰刀易形成5棱、9棱、13棱孔，而6刃铰刀则易形成7棱、13棱、19棱孔，如图2-34所示。因此，刃数越多圆度通常会越好。

- 不等分齿

铰刀刀齿的不等分也会减少被加工孔的圆度误差。如图2-35所示，一般的不等分齿（图2-21b）能铰出的孔的圆度误差在10μm以下（图2-35b），而极不等分齿（即每个刀齿的间距都不相等，如图2-35a所示）铰刀加工出的圆度误差会减小到1～2μm（图2-35c）。

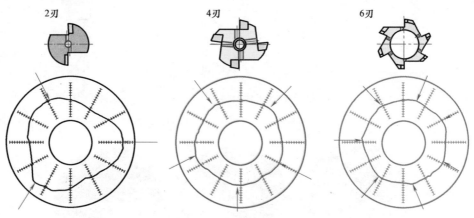

图 2-34　铰刀齿数对孔圆度的影响（图片来源：高迈特）

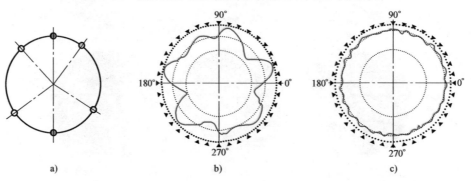

图 2-35　铰刀刀齿不等分及其对孔圆度的影响（图片来源：高迈特、山特维克可乐满）

但是，应该注意，对于极不等分齿的铰刀，即使刀齿数为偶数，看似相对的一组刀齿不一定就可以用来测量刀具的直径。一般极不等分的铰刀都只有一组刀齿可以用于测量直径（图 2-36 红线刀齿），而其他刀齿（图 2-36 的蓝线和绿线）并不在通过中心的连线上。刀具厂商通常会在这组可用于测量直径的刀齿加以标记，以便用户识别。图 2-36 表明就图示的这种铰刀，仅左下角刀体上的带刻线标记的刀齿可用于测量直径，相同厂商的不同系列或不同的刀具厂商对铰刀可测量直径刀齿的标记可能各不相同，因此关于如何识别这个可测量直径的刀齿，建议咨询刀具厂商。

• 刀具材料

多刃铰刀的刀片材料有高速钢、高性能高速钢、涂层高速钢、硬质合金、涂层硬质合金、金属陶瓷（又名"钛基硬质合金"）、涂层金属陶瓷、立方氮化硼（PCB）和金刚石（PCD）几类，这些材料在《数控车刀选用全图解》中做了较详细的介绍，在《数控铣刀选用全图解》和《数控钻头选用全图解》中也有一些补充。刀具材料和其适合的工件材料见表 2-1（高速钢即普通高速钢，不建议用于数控加工）。

需要说明的是，表中只是描述通常适用

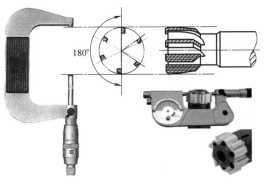

图 2-36　铰刀可测量直径刀齿的标记
（图片来源：高迈特）

表 2-1　刀具材料和其适合的工件材料（资料来源：瓦尔特刀具）

刀具材料	通常适合的材料
高性能高速钢 HSS-E	钢（抗拉强度 $R_m <$ 900MPa）
涂层高速钢	钢（抗拉强度 $R_m <$ 900MPa），灰铸铁
硬质合金（钨基硬质合金）	钢、灰铸铁、球墨铸铁、铝合金（Si 的质量分数 ≤ 12%）
涂层硬质合金	钢、灰铸铁、球墨铸铁
金属陶瓷（钛基硬质合金）	钢（抗拉强度 $R_m <$ 1100MPa）
涂层金属陶瓷	钢（抗拉强度 $R_m <$ 1100MPa）
聚晶立方氮化硼（PCB）	硬材料（50 ～ 63 HRC）/ 灰铸铁
聚晶金刚石（PCD）	铝合金

的材料，并不是特指最好的材料选择。

典型的焊接硬质合金刀齿（或焊接金刚石刀齿）的铰刀如图 2-37 所示。

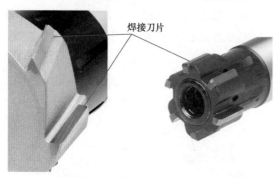

焊接刀片

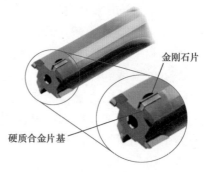

金刚石片

硬质合金片基

图 2-37 焊接刀齿的铰刀（图片来源：肯纳金属、高迈特）

2.2.2 换头式多刃铰刀

换头式多刃铰刀如图 2-38 所示，属于可换刀头式铰刀（图 2-13a）的一种。

换头式多刃铰刀可分为头部和杆部两个部分，刀头起切削的作用，杆部用于机床的装夹。两部分之间的连接各家刀具公司多有不同的结构，一般相互之间如无特殊安排无法实现互换。

图 2-39 所示为山特维克可乐满 CoroReamer830 的短锥—平面双面定位系统的短锥铰刀接口，比较接近在《数控铣刀选用全图解》第 5 章中介绍过的 ScrewFit 锁紧系统。玛帕有极其类似的系统，称为高性能铰削系统 HPR。这种结构通过锥形和法兰定位的精密接口，可以获得下列收益：

1）精确定心。

2）高刚度。

3）高轴轴度。

4）高重复定位精度。

5）换头精度＜ 3μm。

图 2-38 换头式多刃铰刀（图片来源：瓦尔特刀具）

这一结构的锁紧依靠旋松螺纹带动铰削切削头向后移动，通过锥面的微量变形达到锥面和端面同时接触的效果（如图2-39中的红线），实现铰削头与刀杆之间的刚性连接。这种采用左旋右切的铰刀主要用于铰削通孔。

这种结构的螺钉，既可以通过轴向锁紧，也可以径向锁紧（图2-40）：轴向锁紧通过轴向调节螺钉产生轴向移动（如图2-41所示，内六角扳手一般可从铰刀头部伸入）；而径向锁紧则通过径向带锁紧套的凸轮拉动拉钉产生轴向移动（图2-42）。径向锁紧更易于更换铰削头，只需旋转1/4圈便可快速完成锁紧或松开。

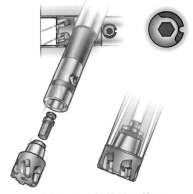

图 2-39　短锥铰刀接口
（图片来源：山特维克可乐满）

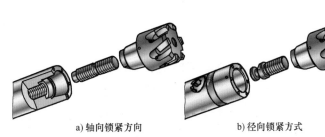

a) 轴向锁紧方向　　　　b) 径向锁紧方式

图 2-40　两种短锥的铰刀接口
（图片来源：山特维克可乐满）

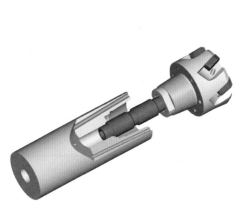

图 2-41　铰削头轴向锁紧方式接口分解图
（图片来源：玛帕刀具）

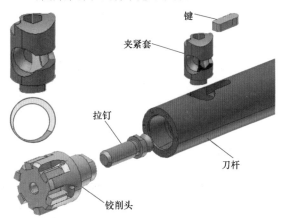

键

夹紧套

拉钉

刀杆

铰削头

图 2-42　铰削头径向锁紧方式接口分解图
（图片来源：玛帕刀具）

图 2-42 中的左上方是夹紧套的放大图。红色部分是一个上下对称的 T 形槽，而绿色部分下面是这个 T 形槽的入口，拉钉的头部通过这个入口进入到夹紧套内。刚开始进入锁紧过程时，锁紧套上 T 形槽较薄的部分接触拉钉头，铰削头与刀杆的两者锥面及端面尚不接触；随着锁紧套的旋转，T 形槽处的厚度渐渐增加，就将拉钉拉向刀杆深处，铰削头与刀杆的两者锥面及端面紧密接触，铰削头与刀杆就形成了刚性连接。

图 2-42 所示为径向锁紧方式接口分解图。图 2-43 所示为该铰削头径向锁紧方式接口两种状态。这种铰削头在安装时先将带有螺纹端（注意是左旋螺纹）的拉钉拧入铰削头，然后尽可能地逆时针转动夹紧套以便带有拉钉的铰削头装入。装入时对齐铰削头和刀柄上的标记点（图 2-44），并将刀头完全插入刀柄，最后顺时针方向拧紧锁紧螺钉（锁紧螺钉带有键，无论松开或者旋紧都只有 1/4 圈的行程）。

注意，在安装之前请清洁所有接触面，切削头和刀柄两者的圆锥面和端面都应该清洁。

a) 未锁紧状态　　　　　　　　　b) 锁紧状态

图 2-43　铰削头径向锁紧方式接口两种状态（图片来源：玛帕刀具）

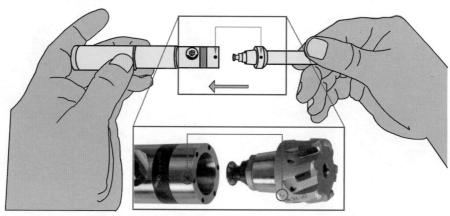

图 2-44　安装标记点（图片来源：山特维克可乐满）

另外，玛帕刀具表示，除了标准的铰刀，他们也能在这种换头式铰刀的基础上提供多种非标准的铰刀（图 2-45），只不过这些非标准的铰刀的技术细节需要与供应商详细讨论。

可换头式铰刀 Reamax TS 的铰削头和拉钉是两个部件，安装时需要在清洁所有接触面后再将拉钉⑤用呆扳手⑥拧到铰削头①上，用内六角扳手逆时针松开锁紧螺钉③以分开卡爪②，插入铰削头①，然后顺时针拧动锁紧螺钉③，使得卡爪②将铰削头①向后锁紧并夹住（图 2-48）。

图 2-45　多种非标准的铰刀（图片来源：玛帕刀具）

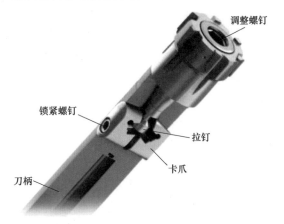

图 2-46　Reamax TS 结构示意图
（图片来源：高迈特）

图 2-46 所示为高迈特的一种同样用拉钉锁紧，短锥锥面和法兰端面同时接触实现刚性连接的可换头式铰刀 Reamax TS 结构示意图。它与玛帕刀具的 HPR 系统或可乐满 CoroReamer830 明显的不同点是锁紧结构。图 2-47 所示为 Reamax TS 的安装，安装时只需普通的内六角扳手，通过锁紧螺钉拉紧左右两块卡爪，卡爪上的斜面就迫使拉钉运动，从而锁紧铰削头。这里需要注意的是：在装入铰削头时务必对准驱动销钉。端部的调整螺钉是用来调整铰削头直径的，其功能稍后详解。

图 2-47　Reamax TS 的安装（图片来源：高迈特）

图 2-48　Reamax TS 安装步骤（图片来源：高迈特）

　　肯纳金属及其旗下的威迪亚的模块化铰刀有轴向锁紧和径向锁紧两种方式（图2-49），径向锁紧用拉钉，而轴向锁紧方式则使用双头螺柱。肯纳金属的这类产品被称为KST 铰刀，威迪亚的则称为 TRM 铰刀。

　　KST 径向锁紧方式在外观上与高迈特的 Reamax TS 看上去颇为相似，轴向锁紧也与玛帕刀具的 HPR 颇为相似，其实这些接口并不相同。KST 所采用的是带压力面的短锥接口（图 2-50），即在铰削头的圆锥部分的两侧有两个平面，刀杆的圆锥面上也同样有两个相应的平面。这两个平面在圆周方向定位及传递转矩方面都有作用。肯纳金属认为，虽然一般认为铰削属于精加工，余量不大，转矩也并不高，但对于高转速、大进给的高效铰削，用这样的结构来应对还是很有益处的。

　　同时，KST 径向锁紧的拉钉施力部位采用了内球面夹紧系统（图 2-51），这样在球面部位锁紧时能产生附加的轴向力，能在更短的行程中将铰削头有效锁紧，短锥 - 法兰面的两面接触刚性锁紧也更有效。出于

图 2-49　KST 两种锁紧模式
（图片来源：肯纳金属）

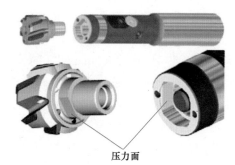

压力面

图 2-50　带压力面的短锥接口
（图片来源：肯纳金属）

类似的考虑，KST 轴向锁紧的双头螺柱（图2-52）采用了不同的螺距：与铰削头旋合的是细牙螺纹，而与刀杆旋合的是粗牙螺纹。

高迈特的另一个型号 Reamax 同样是短锥和法兰面的高刚性系统，但采用的是从前部中心装入锁紧螺栓，又从后部装入螺纹拉杆与锁紧螺栓旋合，通过两者的旋合将铰削头与刀杆紧紧联接在一起，组成完整的铰削刀具，如图 2-53 所示的 Reamax 结构分解及安装示意图。

在装入刀头（图2-53左上部）时，需要先在锁紧螺栓的螺纹表面上涂上润滑脂以防使用时螺纹拉杆与锁紧螺栓两者的螺纹咬死，并且对锥面进行彻底清洁（包括去除表面油脂），然后对于铰刀头和刀杆带

有标记的，对准标记再装入。

图 2-51　内球面锁紧系统（图片来源：肯纳金属）

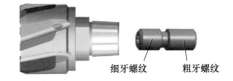

细牙螺纹　　粗牙螺纹

图 2-52　轴向锁紧的双头螺柱
（图片来源：肯纳金属）

弹簧卡圈

螺纹拉杆

刀杆

锁紧螺栓　　　可更换铰刀头

图 2-53　Reamax 结构分解及安装示意图（图片来源：高迈特）

高迈特推荐，Reamax 铰刀特别适用于微量润滑加工。

高迈特之前还提供过一种 Rapid 换头铰刀（图 2-54）。这种铰刀用一组螺套、双头螺柱、螺套限制螺钉联接快换刀头和刀杆，没有端面接触的设计，因此不属于高刚性的联接系统。

高迈特提示这种铰刀在组装前，刀头和刀柄的锥面必须清洁，去除原有的油脂和其他杂物，然后在刀头的锥面上涂以稀薄的铜油脂。安装时将双头螺柱旋入刀头，

然后沿加工时的反方向转动铰刀头，直到驱动键靠上刀杆的支承面（如图 2-54 中红圈放大图中的红线），这时再按规定力矩去锁紧刀头。

山高刀具有一款模块式的 Precimaster 换头铰刀，其锁紧方式如图 2-55 所示。Precimaster 铰刀的刀头接口是个空心圆柱（图中浅蓝色），里面隐藏着一个销钉（图中深绿色）。在刀柄（图中黄色）内部则有一个以锁紧螺钉（图中红色）驱动的挂钩（图中紫色）。

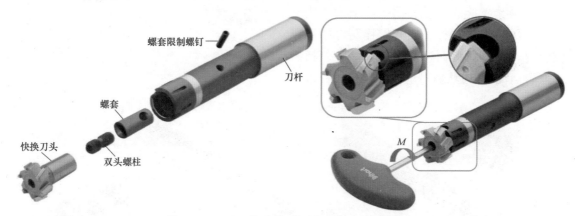

图 2-54　Rapid 换头铰刀（图片来源：高迈特）

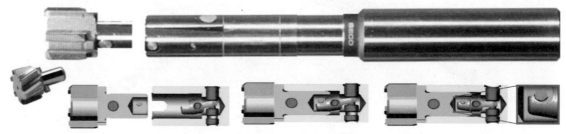

图 2-55　Precimaster 换头铰刀锁紧方式（图片来源：山高刀具）

当铰刀头的空心圆柱插入刀柄孔后，如果锁紧螺钉不动作，挂钩与销钉尚处于未锁紧状态，当锁紧螺钉做锁紧动作，挂钩尾部在螺钉的作用下移动，带动挂钩做逆时针转动，从而使前部的挂钩挂上销钉，锁紧铰削头。

后来，山高刀具的 Precimaster Plus 模块式换头铰刀的结构与之前的 Precimaster 有很大不同。

图 2-56 所示为 Precimaster Plus 换头铰刀驱动方式。

如图 2-56 所示，该铰刀的头部圆柱的外缘有几个半圆槽（红色箭头所指），当该刀头安装在刀柄中时，刀柄的内孔上布置着相应的销钉，这些销钉正好嵌入刀头尾部圆柱柄的半圆槽内，这就构成了该铰刀的驱动，用以传递切削力矩，这点与 Nanofix 作用不同。

图 2-57 所示为 Precimaster Plus 头部对准标记示意图。刀头装入刀体时有位置要求，刀头只有一个特定位置可以装入刀体：刀杆的参考点和刀头的定位槽需要对齐，这样才可正确装入。这是为了保证刀头的重复定位精度。

定位基准对齐后，将刀头推入刀杆，直到听到轻微的"咔嗒"响声，这表示刀头被锁紧套夹住，如图 2-58a 所示的预夹紧状态。

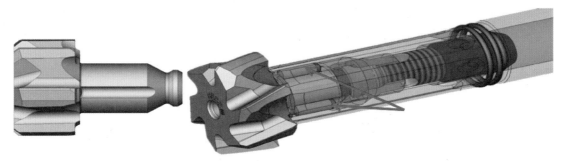

图 2-56　Precimaster Plus 换头铰刀驱动方式（图片来源：山高刀具）

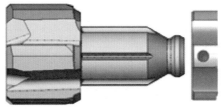

图 2-57　Precimaster Plus 头部对准标记示意图（图片来源：山高刀具）

此时蓝色圈中的第一级锥面已完成预锁紧动作，黄色的夹紧套已在轻微的响声中拉住铰削头尾部，能在下一步的锁紧过程中确保铰刀头向刀柄尾部移动，而红色圈中的第二级锥面尚未起作用。

如图 2-59 所示，进一步的锁紧由内六角扳手从铰刀头伸入至夹紧套中间的内六方孔完成。图 2-58a 中红圈内的第二级锥面起作用：淡黄色的夹紧套在淡赭色的刀杆内后移，在锥面的作用下夹紧套被进一步收紧，以锁紧刀头。

另外，图 2-58 中紫色部分是铰削通孔用的冷却接头。这时从尾部进入的切削液受接头中心不通孔的限制，无法通过前方的夹紧套内孔和铰削头内孔输送到切削区域，而是通过淡赭色的刀杆下方的倾斜孔流出，又在刀杆外部冷却导套（图 2-58 中的淡紫色）与刀杆的缝隙中被引自铰削头

的后部，从而通过铰刀的沟槽进入切削区域，将切屑从刀具后方冲刷引导至前方未加工部分，从而将切屑排出。

当该铰刀用于不通孔加工时，冷却接头需要更换，此时的切削液通路如图 2-60所示。

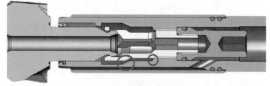

a) 预锁紧状态

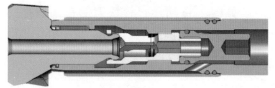

b) 锁紧状态

图 2-58　Precimaster Plus 换头铰刀锁紧方式
（图片来源：山高刀具）

图 2-59　Precimaster Plus 安装示意图（图片来源：山高刀具）

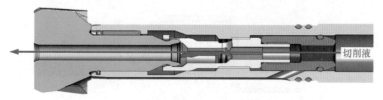

切削液

图 2-60　Precimaster Plus 不通孔铰削切削液通路（图片来源：山高刀具）

当前面图示的紫色冷却接头换上图2-60中红色冷却接头时，切削液由接头中心的通孔经夹紧套和铰刀头内孔输送到切削区域，由于是不通孔铰削，切削液经孔底折返，带动切屑由刀具的前方向后排出。另外，刀杆上斜向的切削液输送孔已被通孔用冷却接头的外圆及密封圈阻断，切削液无法从该孔中流出。

之前提到 Nanofix 的作用，它的铰刀刀杆和刀柄之间也采用了一种切向圆弧槽的连接方式，但与 Precimaster Plus 不同，Nanofix 的切向圆弧槽是为了快速锁紧。

图 2-61 所示为 Nanofix 锁紧系统示意图。图 2-61a 所示为 Nanofix 刀杆与刀柄外形，刀杆的外圆上有几个弧底船形状的凹

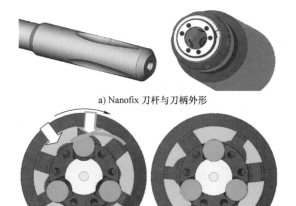

a) Nanofix 刀杆与刀柄外形

b) 松开状态　　　c) 锁紧状态

图 2-61　Nanofix 锁紧系统示意图
（图片来源：山高刀具）

槽，从刀柄的内孔可以看得见相应数量的钢球。凹槽的轴向圆弧可以让铰刀刀柄更容易快速插入刀柄的圆孔。

图 2-61b 所示为松开状态，即刀杆插入但尚未锁紧，此时钢球是在刀柄较大、较深的绿色圆弧位置。当拧动快换刀柄外圆时（沿图 2-61b 中箭头顺时针方向），钢球移动到图 2-61c 所示的锁紧位置，由刀柄上的红色圆弧压住钢球，钢球卡在刀柄的凹槽之内。

▶ 2.2.3　导条式铰刀

■ 单刃导条式铰刀

通常认为单刃导条式铰刀（图 2-62）是在多刃铰刀的基础上而设计的精密铰孔刀具。它的铰孔精度高，是由于其单刃刀齿和导向块在径向剖面构成三点定圆，圆度误差（圆度误差如图 2-34 所示）较小。这种铰刀在汽车制造行业有较多的应用。

数控铰削中常见的单刃导条式铰刀是一种定尺寸可微调的孔精加工铰刀，其结构示意图如图 2-63 所示。

在图 2-63 中，绿色的是单刃导条式铰刀的刀体；黄色的是铰削刀片，由红色的

图 2-62　单刃导条式铰刀（图片来源：玛帕刀具）

压板螺钉通过淡紫色的压板压紧在刀体上；土黄色的是两根导向块（也称导条），一般直接安装在刀体上，不可调节。

肯纳金属的 RIR 单刃导条式铰刀与上述铰刀结构类似，不同的是取消了压板，而用压板螺钉来直接压紧刀片（图 2-64）。

这个左旋螺纹的压板螺钉在拧紧的过程中，会通过螺钉与刀片的摩擦力带动刀片向后靠紧止动销，从而帮助刀片准确实现轴向定位。而 RIR 铰刀的直径调节、导锥调节等与"压板 + 压板螺钉"方式的单刃导条式铰刀相比没有太大差别。

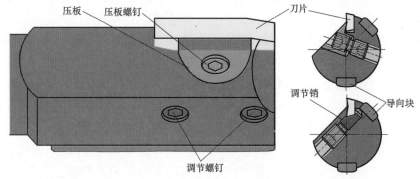

图 2-63 单刃导条式铰刀结构示意图（图片来源：玛帕刀具）

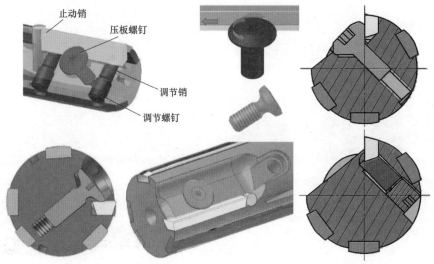

图 2-64 单刃导条式铰刀压板螺钉压紧方式（图片来源：肯纳金属）

山高刀具的单刃导条式铰刀 BiFix（图2-65）看上去似乎也是用两个压紧螺钉压紧，但它的压紧结构与肯纳金属仍有本质差别。图 2-66 所示为 BiFix 铰刀的外形图与剖视图。由图可知，除了用钢球（淡紫色）替代调节销之外，BiFix 与前述的两种铰刀几乎相同，但锁紧却有些差别。BiFix 的锁紧件侧面（暗粉色）呈现 S 形，以锁紧螺钉（玫红色）压锁紧件的下方，带动整个锁紧件沿锁紧件外圆柱的方向向下移动，使其锁紧面压住刀片。这一结构与压板螺钉方式相比，结构稍显复杂，刀体刚性会有所减弱，但锁紧件的移动方向可靠，不易产生径向圆跳动，夹紧面与刀片的贴合会比较稳固。从图 2-66 还可以看到，山高刀具的 BiFix 在刀片后方也有一个止动销，这点与图 2-64 所示单刃导条式铰刀压板螺钉压紧方式类似。

图 2-67 所示为单刃导条式铰刀在工作中的受力简图。在铰削中，铰刀在机床的驱动转矩 M（紫色）的作用下旋转进行切削，作用在刀尖上的切削力（深蓝色）可分解为天蓝色的径向切削力和切向切削力；铰刀受力微微弯曲变形后导条与孔壁接触产生淡紫色的支承力，两个导条上的支承力的合力（红色）与切削力（深蓝色）大致上大小相等、方向相反（导条与孔壁可能有少量的摩擦力），形成一个与驱动扭矩相反的力矩。

图 2-65　单刃导条式铰刀 BiFix
（图片来源：山高刀具）

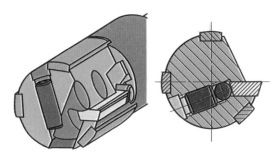

图 2-66　BiFix 铰刀的外形图与剖视图
（图片来源：山高刀具）

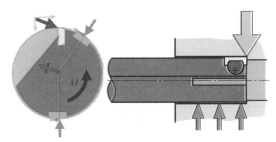

图 2-67　单刃导条式铰刀在工作中的受力简图
（图片来源：玛帕刀具）

这样的铰刀由导条支承在孔壁上，支承由导条承担（多刃铰刀的刀齿兼具切削与支承双重作用），不易产生让刀；切削刃由于不再承担支承作用而取消了刃带，锋利的切削刃可以更接近纯切削状态（第Ⅲ变形区较小，参见图2-22），也不易产生黑斑、材料微量堆积等现象，加工表面质量较好；刀片可更换，便于针对不同的加工对象更换不同的刀片材质、刀片涂层、刀片几何参数；双螺钉的调节机构既可以调节铰刀的外径，也可以调节铰刀的倒锥量（即铰刀的副偏角）。

另外，单刃导条式铰刀内部的受力（图2-68），即两个调节销、压板和刀片、刀体之间构成了一个稳定的受力系统，具有带自锁功能的锁紧、调整机构，使得刀具的尺寸非常稳定。

图2-69所示为单刃导条式铰刀的主要几何角度。其中第一、第二主偏角及2个浅棕色的并非几何角度的尺寸（切入区总长、最大切深），这一部分称为"切入区"，它与副偏角构成的倒锥（切出区）都是导条式铰刀的重要概念。

几种不同的通孔铰削用切入区类型见表2-2。其中有些切入区总长较长，代表切削时负载比较分散，若用于不通孔则需要预制孔比成品孔的深度大些；有些第二主偏角较小，代表在这一部分径向力会较大，有利于导条的工作，同时这一部分的切削

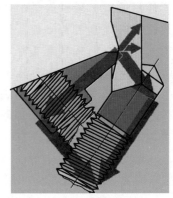

图2-68　单刃导条式铰刀内部的受力
（图片来源：玛帕刀具）

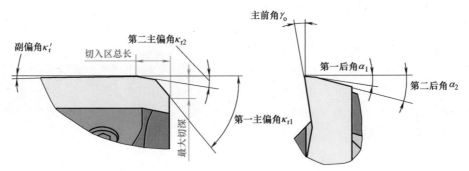

图2-69　单刃导条式铰刀的主要几何角度（图片来源：玛帕刀具）

表 2-2　几种不同的通孔铰削用切入区类型

切入区类型	ED	AD	AS	DZ	SZ	AZ	DS	EK
第一主偏角 / (°)	0	15	30	75	75	75	75	30
第二主偏角 / (°)	3	3	3	15	0	3	15	3
切入区总长 /mm	6	3	1.3	0.55	0.55	1.3	1.3	0.6
最大切削深度 /mm	0.25	0.25	0.25	1	1	1	1	0.15

厚度较小，切屑薄而宽；有些最大切深较大，更适合大进给。

　　刀片的径向微调由两个轴向位置不相同的褐色的螺钉推动深紫色的调节销来完成，这种微调只能由较小直径调至较大直径，而不能够由较大直径调至较小直径，这点务必加以注意。

　　另外，由于存在两个微调位置，这就能通过有微小差别的调整为刀片的副切削刃带来倒锥量（又称背锥量），而一般的倒锥量推荐为 1‰，即 $\kappa'_r \approx 3'27''$。

　　前角 γ_o 的选择原则与车刀、铣刀等并无原则差别，主要是考虑铰刀的锋利性和刃口的强度。γ_o 越大，铰刀越锋利，但刃口强度就相对较差。玛帕刀具单刃导条式铰刀的 γ_o 主要有 0°、6° 和 12° 三种类型（但有些刀片材质可选类型较少，如金刚石材质的也许仅有 0° 和 6° 两种类型），建议加工铸铁可选 $\gamma_o=0°$，加工钢件可选 $\gamma_o=6°$，

而加工铝合金则选 $\gamma_o=12°$。

　　导条式铰刀的刀尖与导条一般不在同一个直径上，两者之间存在着一个差值称为刀片外伸量，如图 2-70 所示。这个刀片外伸量，肯纳金属推荐为 0.005～0.008mm，玛帕刀具推荐作为铰刀外伸量时为 0.01mm，用作镗削则较小。

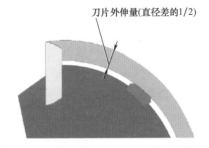

刀片外伸量(直径差的1/2)

图 2-70　刀片外伸量（图片来源：玛帕刀具）

　　这样就能够理解图 2-71 所示的导条式铰刀两个静态直径的概念，一个是刀尖直径（用红色表示），一个是导条直径（用蓝色表示）。由于两者之间存在间隙，铰削时在刀尖上的切削力的作用下，刀具发生微量的弯曲变形（参见《数控车刀选用全图解》一书的图 3-11），实际孔径持续减小，但当两根导条分别接触到孔壁（严格意义上有切削液的作用下常态是导条与孔壁不接触，这个在以后的"导条式铰刀的润滑"中讨论）时，刀杆的变形受到约束无法继续，孔径也不再变小，这时就形成了稳定的孔径。

　　这一孔径见图 2-72 中的紫色圆（红

色圆为铰刀刀尖直径，同图 2-71 中的红色圆），该圆直径大致等于刀尖至对面导条的距离（即铰刀测量直径）。不但两个直径不同，位置也发生了移动：图中天蓝色为刀尖圆的轴线，深蓝色为孔的轴线，两者在 X 和 Y 方向都产生了间距（Y 方向间距图中未标出，大约为外伸量的 1/2）。

刀片与导条除了径向关系之外，还有一个轴向关系，即刀片前伸量（图 2-73）。刀片前伸量是要保证导条接触的已铰削完成的孔壁而不是未加工的毛坯孔或正在加工的部分，但刀片前伸量太大将导致导条不能及时支承孔壁而使铰刀产生偏斜。这与整体硬质合金钻头的第二刃带轴向位置的原理是非常类似的。玛帕刀具建议，这个刀片前伸量以 0.25 ～ 0.3mm 为宜，而肯纳金属的建议，这个刀片前伸量以 0.3 ～ 0.4mm 为宜。

以上介绍的刀片外伸量、刀片前伸量、切入区类型和倒锥量都是导条式铰刀的重要参数。

除了这些重要参数，导条式铰刀的刀片材料、导条材料也都是可选的。

刀片的常用材质有硬质合金、涂层硬质合金、金属陶瓷、涂层金属陶瓷、陶瓷、立方氮化硼、天然金刚石、聚晶金刚石等，而导条的材质主要有硬质合金、金属陶瓷和聚晶金刚石。导条式铰刀刀片材质的选择，原则上与车刀没有太大差别，需要了解的读者可参阅《数控车刀选用全图解》一书，

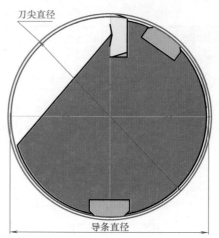

图 2-71　导条式铰刀两个静态直径的概念
（图片来源：玛帕刀具）

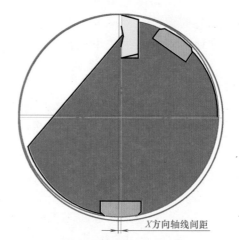

图 2-72　铰刀轴线的位移（图片来源：玛帕刀具）

图 2-73　刀片前伸量（图片来源：玛帕刀具）

至于导条材质的选择，从技术上说硬质合金和聚晶金刚石都有极广泛的适应面。聚晶金刚石的导条耐用但价格较高，而硬质合金的导条虽然价格较经济但耐用程度较差，而金属陶瓷的导条主要应用在钢和球墨铸铁的场合。玛帕刀具推荐了一种导条材质的组合，即在前面15mm长度上使用聚晶金刚石的导条，而在铰刀的较后位置使用硬质合金的导条。

图2-74所示为导条式铰刀更换刀片和调整方法。

卸下刀片时，首先按逆时针方向稍许旋松两个调节螺钉（只需松半圈即可，图2-74a），随后用两个扳手分别从刀片的前面和底面两个方向旋松压板螺钉（前面一侧是逆时针方向而底面一侧是顺时针方向），注意按图2-74b所示用两个扳手打开（由于螺钉的扳拧结构是承受扭矩能力较弱的内六角而不是花型内六角Tox或强化的花型内六角Tox plus，因此必须用两个扳手以防扳拧部位损坏）。这时，刀片就可以沿轴线方向从铰刀端部取出。

装上刀片时的步骤则大致相反，但注意安装刀片前务必清洁刀片座（图2-74c），

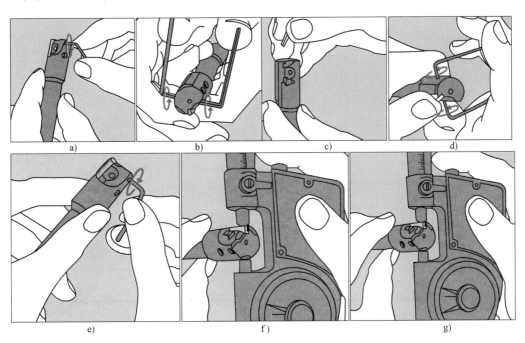

a)   b)   c)   d)

e)   f)   g)

图2-74　导条式铰刀更换刀片和调整方法（图片来源：玛帕刀具）

且不能像其他刀具那样用压缩空气去吹，因为刀片槽的底部有调节销，如果切屑或其他杂物落入调节销，就会在装入刀片后垫在刀片和调节销之间，受到切削力后很可能产生切屑折叠、杂物压缩而使切削刃位置发生改变，那么切削刃的外伸量和倒锥量都会被改变，导致切削效果不可控。装入新刀片后应同样用双扳手旋紧压板螺钉，不过这次方向与卸下刀片正好相反（图 2-74d）。接着旋动调节螺钉进行粗调节（图 2-74e），若卸下刀片时调节螺钉松了半圈，则粗调节旋回 1/4 圈。用精密的千分尺测量铰刀切入区结束处的直径，单方向旋动调节螺钉直至直径值符合要求（图 2-74f）。切记，铰刀直径必须比安装完调节前的尺寸大，以保证调节螺钉端部与刀片刚性接触。随后用调整直径相同的方法调整后面一个螺钉，以控制切削刃的倒锥量（图 2-74g）。

■ 双刃导条式铰刀

双刃导条式铰刀（图 2-75）是为改进铰削钢和铸铁时的表面质量和刀具寿命而开发的一种改进型铰刀。

双刃导条式铰刀有两种常见的结构（图 2-76），一种是两个刀片均可调，称为双浮动结构，两个刀片的结构各自与单刃导条式铰刀的结构大致相同，而另一种是只有一个刀片是可调的，另一个刀片则是固定的，称为一浮一定结构。

双浮动结构的优点是灵活性强，可调节量多；缺点则是调整耗时、影响效率，另外小直径的双浮动结构由于内部挖去的材料相对较多，结构刚性有较明显下降。一浮一定结构的优点是夹持刚性较强（能适应更高的切削速度和进给量，效率更高），调整方便简单；缺点是可改变的因素太少，应变能力不足。

在双刃导条式铰刀中，两个刀片间的位置及与导条的位置也各不相同，也就是说两个刀片的外伸量和前伸量是各不相同的。图 2-77 所示为双刃导条式铰刀的刀片和导条的径向和轴向位置：淡橙黄的是 1 号刀片，它是带调节的，其外伸量为 8 ～ 10μm（即它的径向高出土黄色的导条 8 ～ 10μm），前伸量为 0.25mm（即它的切入区

图 2-75　双刃导条式铰刀（图片来源：玛帕刀具）

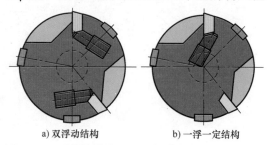

a）双浮动结构　　　b）一浮一定结构

图 2-76　两种结构的双刃导条式铰刀（图片来源：玛帕刀具）

结束点比导条往前伸出 0.25mm）；浅黄色的是 2 号刀片，它在一浮一定结构中不可调节而在双浮动结构中也可调节，它的外伸量是 −15 ～ −10μm（即它的径向比导条要低 10 ～ 15μm），而前伸量为 0.5mm，也就是它的作用是铰刀的"先头部队"，帮助 1 号刀片去除主要的径向余量，使 1 号刀片的切削深度控制在 18 ～ 25μm（微量），但它与图 2-72 所示的确定孔的直径、位置无关。

图 2-78 所示为单、双刃导条式铰刀切削性能对比（图中铰刀更接近镗刀）。可以看到，通常两者的切削速度相当，进给量则是双刃导条式铰刀较大（即可能的切削效率较高），但精度和表面粗糙度则是单刃导条式稍占优势，尤其是在表面粗糙度方面。

■ 可转位的导条式铰刀

可转位的导条式铰刀有两种：一种是双调节螺钉可转位导条式铰刀（图 2-79），其用刀座加刀片替代原来的刀片，维持两个调节螺钉，保持既可调节直径又可调节倒锥量的结构（图 2-79）；另一种是单调节螺钉可转位导条式铰刀 RIQ（图 2-80），其

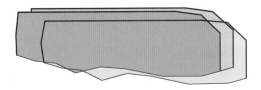

图 2-77 双刃导条式铰刀的刀片和导条位置（图片来源：玛帕刀具）

	单刃导条式铰刀				双刃导条式铰刀			
	v_c/(m/min)	f/(mm/r)	Rz/mm	公差	v_c/(m/min)	f/(mm/r)	Rz/mm	公差
灰铸铁球墨铸铁	180～220	0.15～0.3	5～8	IT5～IT7	180～220	0.3～0.75	7～9	IT7
热处理的钢（如45钢）	180～250	最高0.2	2～4	IT5～IT7	200	0.2～0.6	3～5	IT7
铝合金	最高1000	最高0.2	1～2	IT5～IT6	最高1000	0.2～0.45	2～3	IT6

图 2-78 单、双刃导条式铰刀切削性能对比（图片来源：玛帕刀具）

调节直径固定其倒锥量，并将两个调节螺钉减少成一个调节螺钉（图2-80）。

肯纳金属的单调节螺钉可转位导条式铰刀RIQ采用的锁紧螺钉与其RIR一致（图2-64），刀片底座带有正交齿条（梳形齿），如图2-81所示。该铰刀的前角由刀杆上刀片槽的方向确定（图2-80），常规的铰刀前角有0°、6°和12°三种，这一点与之前介绍的玛帕刀具的前角一致。这种方式使同种刀片构成不同的前角（图2-82），只是此方法会使刀片安装后的后角较小。因此，常常在大批量生产的场合，即使可采用改变刀片安装角来构成不同的前角，还是建议使用专用刀片。

图2-79 双调节螺钉可转位导条式铰刀
（图片来源：玛帕刀具）

缩短单刃（或双刃）铰刀的刀片长度并成为可转位（具备多个可用刃口），只可通过

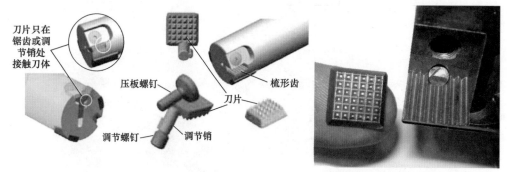

图2-80 单调节螺钉可转位导条式铰刀RIQ（图片来源：肯纳金属）

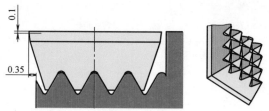

图2-81 RIQ刀片底面接触（图片来源：肯纳金属）

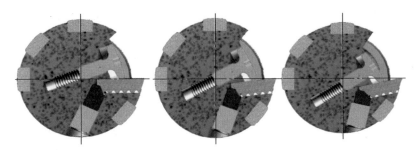

图 2-82　RIQ 铰刀的前角（图片来源：肯纳金属）

　　还可以用多个 RIQ 刀片来构成复合的精铰刀，如图 2-83 所示。

　　玛帕刀具的易调节铰刀 EA（图 2-84）与肯纳金属的 RIQ 类似，只是用销代替了齿条。

　　在调节易调节铰刀 EA 时，调节螺钉推动调节销向前，调节销的斜面推动刀座换向沿着高精度导向销的方向移动，从而移动刀片，改变了铰刀的切削尺寸；而倒锥量则是由嵌在刀座背后的高精度导向销的方向确定。

图 2-83　多个 RIQ 刀片的复合精铰刀（图片来源：肯纳金属）

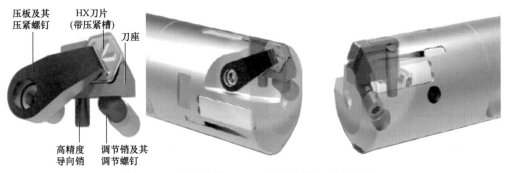

压板及其
压紧螺钉　　HX刀片
　　　　（带压紧槽）　　刀座

高精度
导向销　　调节销及其
　　　　调节螺钉

图 2-84　易调节铰刀 EA（图片来源：玛帕刀具）

■ **导条式铰刀的润滑**

导条式铰刀正常的工作状态是导条不与孔壁产生摩擦：导条与孔壁之间有一个由切削液形成的油膜。

铰刀与工件之间存在着运动：既有形成切削速度的主运动又有形成进给的进给运动（相对主运动而言进给运动很小）。铰刀和孔壁之间既有运动又能生成油膜，这样的油膜称为"动压油膜"。

动压油膜的形成需要以下三个条件：两摩擦表面之间必须能形成收敛的楔形间隙；两表面之间必须连续充满具有一定黏度的液体；两表面之间必须有一定的相对运动速度。

导条圆与孔的直径存在差异（直径差值为一个刀片外伸量），加上两者之间存在偏心（图 2-72），形成了一个"油楔"（图 2-85）。形成油楔后，在两者之间就有一层油膜，如图 2-86 所示（直径差和偏心距都已被放大）：白色为正在铰削的孔，土黄色为导条圆，暗红色为压力逐点变化的油压，大红的线为最大油压。这层油膜使导条与孔壁脱离摩擦，两者之间似乎有一个轴承托起整个铰刀。

为了确保油膜的建立，玛帕刀具建议使用乳化液（原液矿物油含量不低于 55%，**不能用合成油**），乳化液体积分数在 10% ～ 12%（即乳化液原液与水的配比为 1∶9 ～ 1∶8）。如果铰刀采用的是硬质合金导条，

建议体积分数不低于 12%，但如果采用的是 PCD 材质的导条，由于 PCD 的摩擦因数较小，体积分数可以降低约一半。另外，乳化液不宜酸性太高（建议乳化液的 pH 值大于 9.2），否则容易对机床、刀具产生腐蚀。

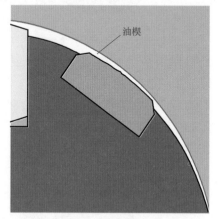

图 2-85　导条式铰刀的油楔

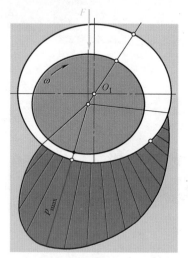

图 2-86　动压油膜压力分布

另外，切削液必须要过滤，并且过滤的精度应小于 25μm。未经过滤或过滤精度不足（即太粗），可能会破坏油膜的建立，加快导条的磨损，也会堵塞冷却通道。

2.2.4　可胀式铰刀

■ 换头的可胀式铰刀

在前面"铰孔尺寸的变化与铰刀公差"一节讨论过铰刀的公差。除了收缩／扩张量之外，铰刀的制造公差"G"与孔的公差"IT"之间要考虑一个留磨量"N"。因此，当孔公差本身较小，而制造公差"G"也很难压缩时，留磨量"N"就会很小，这就缩短了刀具寿命；工件毛坯质量的变化可能使收缩／扩张量发生改变，也有可能使加工出来的孔尺寸发生些许变化而造成工件孔径超差。这时如果多刃铰刀直径能有些许增大，就能延长刀具寿命，或能重新加工出符合要求的孔。

图 2-87 所示为换头的可胀式铰刀。紧定螺钉（锥形头）、刀头内部的锥孔和铰刀头之后的薄壁是其直径可胀的基础。通过顺时针拧动螺钉，螺钉头部外面的锥面迫使刀头头部较薄的材料发生弹性变形，铰刀直径有所增大。根据不同的规格和结构，这类铰刀可胀量为 20 ～ 40μm。由于刀体材料弹性变形的规律，刀齿的直径扩张是头部更多一些，因此铰刀在直径微增的同时，倒锥量也会略微增加。

图 2-87　换头的可胀式铰刀（图片来源：高迈特）

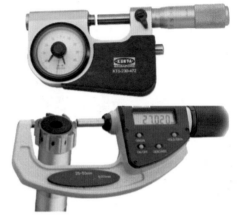

图 2-88　可胀式铰刀直径测量工具
（图片来源：高迈特）

建议铰刀调整时使用带表的千分尺或精度较高的数显千分尺，如图 2-88 所示。

调节时，用内六角扳手先预紧，然后再顺时针旋转 90°锁紧。测得尺寸偏小时，顺时针拧动扳手即可；测得尺寸偏大时，应先将调整螺钉完全松开，然后再次顺时针从小往大调整直径。

■ 可换刀环的可胀式铰刀

图 2-89 所示为通孔用可换刀环的可胀式铰刀。

铰刀的直径调节由铰刀环、锥环和调节螺母组成。通过旋动调节螺母（左旋螺纹），调节螺母将锥环向刀杆方向压入，锥环的外锥面将铰刀环的内孔胀开。由于铰刀环的内孔开有增强弹性的槽，铰刀环的胀开变得比较容易，也不易使铰刀环超过弹性极限而产生永久的变形。因为用于铰削通孔，切削液由刀柄前部（铰刀环之后）倾斜孔喷出。

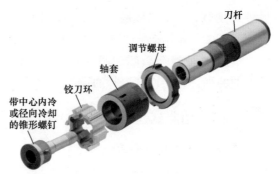

图 2-90　不通孔用可换刀环的可胀式铰刀（图片来源：高迈特）

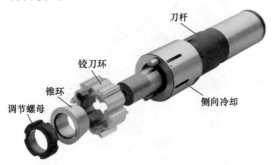

图 2-89　通孔用可换刀环的可胀式铰刀（图片来源：高迈特）

在使用该系统时，建议先对铰刀环、刀柄和锁紧螺栓的定位锥面进行清洁，去除表面油脂；然后在螺纹表面涂上润滑油脂；装入时必须要对准铰刀环与刀柄上的红色标记，再逆时针（左旋螺纹）将铰刀环调整到被加工孔的中间公差。记住：**测量直径只能在做过标记的切削刃处**，因为其余切削刃的连线并不通过刀具中心。

图 2-90 所示为不通孔用可换刀环的可胀式铰刀。调节该系统时用调节螺母将轴套向前推，铰刀环的轴向受与刀杆旋合的锥形螺钉（锥形头）的限制，在螺钉的外锥面的作用下向外胀大。

在使用该系统时，前面的步骤与通孔用可换刀环的可胀式铰刀的系统一样，即先对铰刀环、刀柄和锁紧螺栓的定位锥面进行清洁，去除表面油脂，然后在螺纹表面涂上润滑脂；装入时必须要对准铰刀环与刀柄上的红色标记。随后的步骤则与其不同：将调节螺母旋入刀杆，平滑面对准轴套。铰刀环用锥面螺栓穿过轴套与刀杆旋合加以紧固。逆时针（轴套移向紧定螺钉方向）将铰刀环调整到被加工孔的中间公差。

外观上，两种系统装配之后，通孔用的在铰刀环前面伸出部分较多，而不通孔用的在铰刀环前面伸出的部分很少，如图 2-91 所示。

■ 可转位刀片多刃铰刀

除了前面介绍到的带刀片的导条式铰刀，目前还有使用可转位刀片的多刃铰刀。

a) 通孔用　　　　　　b) 不通孔用

图 2-91　两种装配后的可换刀环的可胀式铰刀
（图片来源：高迈特）

图 2-92 所示为带可转位刀片的可胀式铰刀（可换刀环）。目前可用的刀片材质有硬质合金和金属陶瓷（即钨基硬质合金和钛基硬质合金）两种，也可以在刀片上附加各种涂层。每个刀片带有 2 个可用的切削刃。

由于铰刀的精度很高，刀片与刀盘需要配套，因此在刀盘和刀片上有相应的标记（图 2-92 右侧），不是可以随意互换配装的。如果刀片磨损了，用户需要将刀盘和刀片一起送返刀具供应商，由供应商进行重磨和重新涂层。

标记

图 2-92　带可转位刀片的可胀式铰刀
（图片来源：高迈特）

图 2-93 所示为带可转位刀片的可调式铰刀。这种铰刀的刀齿数有 4 齿、6 齿和 8 齿，每个刀齿有一个切削刃，而就单个刀齿看，比较接近单刃导条式铰刀的结构：有 2 个调节螺钉，直径和导锥均可调节。但这种铰刀不需要导条，刀片可以单独提供而不像刀环结构的可转位铰刀那样需要配套提供。

可转位多刃可调铰刀的调节如图 2-94 所示。图中的两个千分表，一个用于调整

图 2-93　带可转位刀片的可调式铰刀
（图片来源：高迈特）

图 2-94　可转位多刃可调铰刀的调节
（图片来源：高迈特）

2 铰刀

尺寸，另一个则用于调整倒锥量。各个刀齿的直径应调整到同一直径。

图2-95是一种用带锥销的调节螺钉（图中绿色）来调节铰刀刀片径向尺寸的刀片式铰刀。这种调节方式的原理，与《数控铣刀选用全图解》中图2-41的铣刀片调整方式几乎完全一致。随着锥销轴向位置下移，锥销与刀片（图中黄色）的直径接触处的直径增大，这就会将刀片向外推出，从而增加铰刀的工作直径。虽说这种铰刀结构简单，由于锥销的锥度较小，即使螺钉拧一整圈，刀片外径的增大也很有限，因此几个刀片调整到基本同一直径的难度也并不算大。

图2-96a所示为装可转位刀片的铰刀Xfix。其铰削区的工作部件有承担切削工作的可转位刀片（图示的是8刃铰削刀片）、固定导条和浮动导条。

图2-96b所示为不通孔用的Xfix铰刀

分解（通孔用的有些小差别）。其中，土黄色的刀片由图中最下方浅红的刀片锁紧螺钉装于青色的刀座；翠绿色的球头螺钉与青色的刀座旋合，顶在深灰色的刀体上以调节刀座的位置（刀座的主偏角不能调整，由深灰色刀体孔的方向确定）；而紫色的锁紧楔和与其在一条轴线上的暗红的刀楔锁紧螺钉是用来锁紧青色的刀座的。

图2-95 带锥销的调节螺钉
（图片来源：钴领-豪费德）

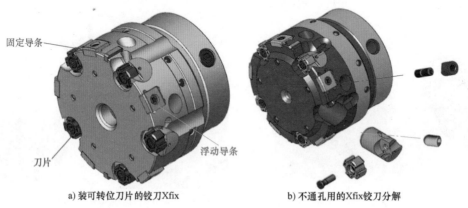

a) 装可转位刀片的铰刀Xfix　　　　b) 不通孔用的Xfix铰刀分解

图2-96 装可转位刀片的铰刀（图片来源：山高刀具）

图 2-97 所示为通孔与不通孔用 Xfix 铰刀冷却流及刀座的对比。不通孔的切削液由铰刀中心导入，经孔底后裹挟切屑经刀夹上留出的切削液通道向后排出；通孔的切削液则在铰刀中心孔中被封闭螺钉阻挡，然后通过刀体和刀片座上的切削液通道（如图 2-98 的几个红圈所示）在刀片边上喷出，裹挟切屑向未加工的孔排出。而图中天蓝色的圆圈中是调节孔，翠绿色的圆圈中是锁紧孔。

图 2-99 是通孔 Xfix 铰刀的调节螺钉与刀座的关系图，两者的轴线夹角约 30°，这样可以使调节更容易。通过拧动与刀座旋

合的球头螺钉，球头螺钉顶在刀体上，可以调节刀座的位置。

图 2-100 所示为通孔 Xfix 铰刀锁紧。锁紧楔（图 2-96b 中紫色的零件）上有一个斜面，刀夹上也有一个相应的斜面（如图 2-99 紫色圈所示）。锁紧楔通过刀体上的锁紧孔（图 2-98 所示的绿色圈）锁紧刀座。

Xfix 铰刀有一组浮动导条（图 2-101）。这些浮动导条在不受力的自由状态时其直径大于刀片刃口所构成的切削直径（浮动导条直径由制造商在出厂时预设定，用户无须调整（图 2-101a），而在镗刀切削时浮动

图 2-97　通孔与不通孔用 Xfix 铰刀冷却流及刀座（图片来源：山高刀具）

图 2-98　通孔用 Xfix 铰刀冷却通道
（图片来源：山高刀具）

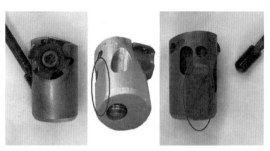

图 2-99　Xfix 铰刀调节
（图片来源：山高刀具）

导条处于受力状态（图 2-101b），在图 2-85 和图 2-86 所示的油膜的压力帮助下维持铰刀在孔的中央。

图 2-102 所示为既带浮动导条（绿色）又带固定导条（蓝色）的铰刀。据介绍，该铰刀用带导向的螺钉安装在刀体上，浮动导条下方两端均有强劲的弹簧。

图 2-100　Xfix 铰刀锁紧（图片来源：山高刀具）

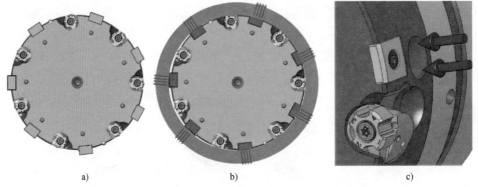

a)　　　　　　　　　b)　　　　　　　　　c)

图 2-101　Xfix 铰刀浮动导条（图片来源：山高刀具）

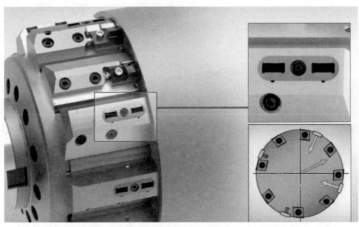

图 2-102　既带浮动导条又带固定导条的铰刀（图片来源：玛帕刀具）

2.3 数控铰刀使用中的一些问题

2.3.1 铰刀的跳动调整

许多厂商都强调铰刀的跳动问题，即把铰刀的跳动控制在一个很小的范围内。

其实，1.3 节"铰削与镗削的差别"中已经介绍过，真正意义上的铰刀不需要"对中"，即无论是铰刀轴线与机床主轴回转中心有偏移，还是两中心之间有夹角都不必要，让铰刀顺着预制孔的轴线进给符合铰削的要求。

理论上只有镗削，才需要进行精确的调心"对中"。

但在实际应用中，经常有介于两者之间的加工方式。例如有些加工刀具刚性既不像镗刀那样好，又不能像铰刀那样随着预制孔的轴线进给，这种兼备镗和铰的加工方式经常由具有铰刀外观的镗刀（称为"镗铰刀"）承担加工任务。刀具寿命与刀具跳动关系如图 2-103 所示。这些镗铰刀经调整刀齿圆跳动后刀具寿命会明显提高。

另外，在数控机床上，由于重复定位精度通常比较高，在同一台机床上工件一次装夹的粗精加工轴线位置偏移极小，经"对中"后的铰刀或镗刀各切削刃的负载更为均匀，刀具轴线受力状态比较理想，这也利于增加刀具寿命。

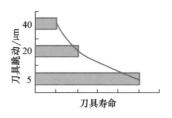

图 2-103　刀具寿命与刀具跳动的关系
（图片来源：高迈特）

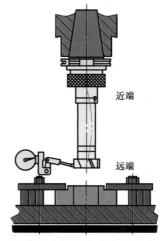

图 2-104　远端跳动的测量（图片来源：高迈特）

圆跳动的控制一般以镗铰刀的"远端"为准，这里的远端、近端是相对刀柄而言的。如图 2-104 所示，镗铰刀（黄色）上距刀柄（红色）较远、接近工件（绿色）的一段被称为远端；而接近红色刀柄的一段被称为近端。

刀具比较理想的位置状态，是刀具的轴线与机床的主轴回转轴线完全重合，既没有偏移，也没有偏转，但这种理想状态的调整要求高，调整耗时较长，适用于加工要求高、质量要求特别稳定的场合。它的一般调整方式是先调整近端的圆跳动，之后再调整远端的圆跳动，实质上是调整了整条轴线的位置。假设将刀尖的圆延伸到整个刀具悬伸长度形成一个圆柱，经过这样调整的圆柱具有相当不错的全跳动。由此可知，所测量的远端跳动只需要距近端足够远，并不是非要测量刀齿处的圆跳动。

另一种比较简单的方法是只调整刀具远端的圆跳动。这种方法只保证远端截面的圆跳动而不保证其他位置的圆跳动。仅控制远端跳动有可能存在刀具轴线弯曲这样的现象（如图2-104中的红线），但这样的要求调整相对简单，不过耗时不一定比上一种方法更少——有时可能怎么都调不好。

图2-105所示为仅调节近端跳动的DAH系统。

安装DAH前应彻底清洁连接面，并保持连接面干燥、无油脂；安装时将六个螺钉通过刀杆法兰面的孔拧至刀柄法兰的螺纹孔内，并对其预紧（即将弹簧垫片压平）。然后将刀柄安装到机床上进行调整。用量表找到跳动最高点（可以在刃口上测量跳动，但这比较困难；也可以在接近刃口的磨光圆上测量）并记下跳动值，确保锁紧螺钉未被锁紧，旋转锁紧环，使调整螺钉对着跳动值最大的地方，读表拧动调整螺钉，让调整螺钉将刀柄端的法兰盘缓缓顶过跳动值的一半，松开锁紧螺钉，重新检查跳动值。如果检查结果尚未达到要求，再次找到最高点并记下跳动值，转动锁紧环按前述方法调整。如此循环直至跳动符合预定要求。调整结束后，交叉锁紧六个螺钉，然后拧紧锁紧螺钉使调整环在刀柄上固定住。

1）图2-106所示为远端、近端跳动双调整的系统，其调整步骤如图2-107所示。清理接合面上的毛刺、锈蚀、碰划伤等：接合面是精磨过的，如有毛刺、锈蚀、碰划伤等会影响调整精度和可靠性。

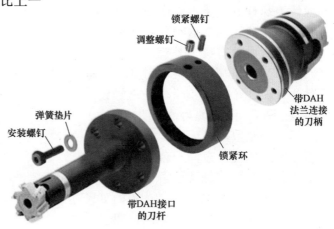

图2-105　仅调节近端跳动的 DAH 系统（图片来源：高迈特）

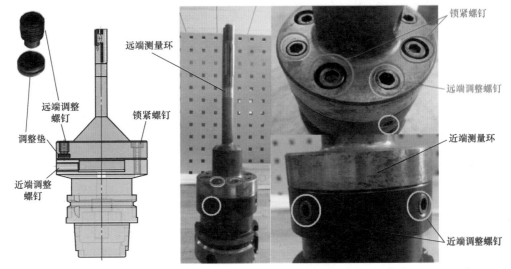

远端测量环

锁紧螺钉

远端调整螺钉

近端测量环

近端调整螺钉

远端调整螺钉

锁紧螺钉

调整垫

近端调整螺钉

图 2-106 远端、近端跳动双调整的系统（图片来源：玛帕刀具）

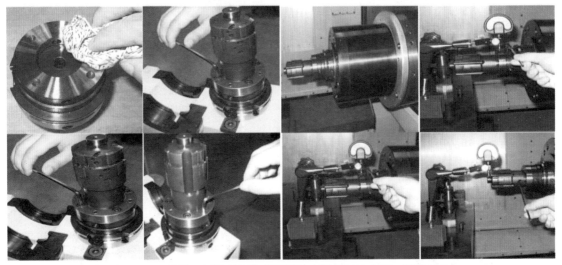

图 2-107 远端、近端双调整系统调整步骤（图片来源：玛帕刀具）

2）粗压紧，可以使用 4N·m 的力矩来紧固锁紧螺钉。这个压紧既不能过紧，使接下来的近端调节能够顺利进行，又不至于两者之间轻易滑动改变调整结果。

3）将待调整刀具用自动换刀装置装到主轴。经验表明，手动和自动装刀后的结果是有区别的。

4）粗调整径向圆跳动，使跳动值小于5μm（越小越好）：首先将量表置于近端测量环检查跳动，其次寻找跳动中间值，然后顺时针拧近端调整螺钉将大于中间值最多的螺钉调整到此中间值（每个近端调整螺钉一次调整完成后，应立即松开调整螺钉，就是所谓"即紧即松"）。每个螺钉调整完，两个法兰之间的位置就有变化，因此调完一个螺钉就重新测一次。另外每个调整螺钉调到位后需立即松开，这是因为如果对面螺钉顶紧了，这面的螺钉调整就很困难。

5）近端跳动调整到小于5μm后，用规定力矩拧紧锁紧螺钉。这类刀具螺钉的锁紧压力是有要求的，在刀具图上均会标出，不同大小和重量都会有不同锁紧力矩要求，请务必严格按照要求来做。锁紧力太小，

不足以确保刀具使用中的稳定性，加工质量就难以保证。

6）旋紧所有近端调整螺钉。调整结束后要求不能有松动的螺钉，因此在精调整之前需把所有的调整螺钉旋紧。

7）精调整径向圆跳动＜3μm。注意：这一步骤对近端调整螺钉只紧不松。这一步通常需调整的螺钉1～2个。

8）将量表置于远端测量环检测跳动，调整远端调整螺钉，使远端跳动值＜3μm。这一步也是边观察量表边调，当观察到最高点的量值减至原来跳动值的一半时，就停止该螺钉的调整，重新检测、调整。这一步骤对远端调整螺钉也是只紧不松。

山高刀具Xfix铰刀，通常悬伸比较短，这就不需要区分近端、远端，柄是简化掉近端调节的系统，但远端仍采取4个远端调节螺钉，如图2-108所示的Xfix铰刀跳动的调整。铣刀上设置了跳动检测环，检

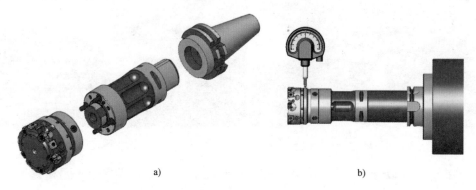

a)   b)

图2-108　Xfix铰刀跳动的调整（图片来源：山高刀具）

测、调整跳动时，将量表的测头置于此环即可。

图 2-109 所示的带锁紧环四螺钉 DAH 系统与图 2-105 中的相同，也设置了可旋转的锁紧环，而是在四周有四个调整螺钉。在使用时，找到跳动的最高点之后，可以旋转锁紧环找到最近的调整螺钉，然后拧动该螺钉将跳动的最高点往下压至跳动值的一半并多顶 5μm 无须松开，然后转到对面，拧动对面的调整螺钉将刀具顶回中心位置，这时一个方向的跳动调整完毕并消除了间隙和受力后可能引起弹性变形的位移。然后旋转 90°，按此流程再来一遍也调到中心位置并锁紧。整个跳动厂方建议控制在 2μm 以内。

由于近端调节螺钉的位置对调整的方便性有些影响，图 2-110 所示的增加近端调节螺钉的双调节系统增加了近端调节螺钉的数量，其他与图 2-106 所示的远端、近端跳动双调节系统基本相同。

当铰刀在车床上使用，尤其是铰孔和预制孔分两次装夹时，则可以使用图 2-111 所示的车床用铰刀位移、偏转适应 DPS 系统来解决预制孔和铰刀轴线的位移和偏转问题。

在图 2-111 所示的车床用铰刀位移、偏转适应 DPS 系统中。左侧蓝色的部分与车床相连，右侧紫色的部分与铰刀相连，两者之间有绿色和橙色的两个环。绿色的环主

要用于调节偏转角度（最大角度补偿 30′），橙色的环与绿色环之间淡红色的销钉及垫圈主要用于调节位移（径向间隙 0.08mm）。四个部分由灰色的弹性连轴套相连。图 2-112 所示为车床用 DPS 系统外形图。

图 2-109　带锁紧环四螺钉 DAH 系统
（图片来源：高迈特）

图 2-110　增加近端调节螺钉的双调节系统
（图片来源：肯纳金属）

2.3.2　铰刀的表面粗糙度和切削用量选择

铰刀的切削用量与车刀、铣刀、钻头类似，都与被加工工件的材质有关。但作为孔精加工刀具，铰刀的切削用量还特别地与其所加工的表面粗糙度相关。

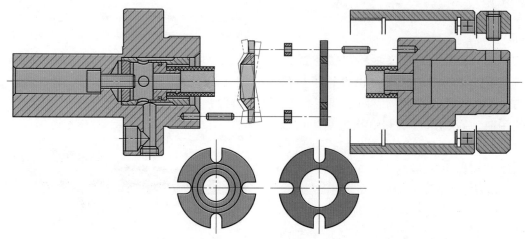

图 2-111　车床用铰刀位移、偏转适应 DPS 系统（图片来源：高迈特）

图 2-112　车床用 DPS 系统外形图
（图片来源：高迈特）

图 2-113 所示为传统铰削的切削速度与表面粗糙度的关系。该铰刀在切削 9SMnPb28（Y15Pb）时有非常不错的特性，但在切削 45 钢时表现不佳，切削速度 25m/min 的表面粗糙度相比 5m/min 时几乎高了 14 倍，说明该常规铰刀用于加工钢件不太合适。而目前的高速铰刀则有很大的不同，其在高速下的表面粗糙度十分理想，即使达到 200 ～ 250m/min 的切削速度，仍有相当不错的表面质量（图 2-114）。

当然，不同的工件材质会有不同的表现，依然会对切削速度 - 表面粗糙度曲线产生影响。图 2-115 所示为三种铸铁的金相组织，这些成分和结构（如球墨铸铁的球状石墨在切削中能起润滑作用）的不同，相同的铰刀也会有不同的切削效果（图 2-116）。

图 2-117 所示为用 45° 主偏角带 TiN 涂层的铰刀铰削类似 06Cr17Ni12Mo2Ti 不锈钢的结果（德国材料编号 1.4571，牌号 X6CrNiMoTi17122），切削速度为 30m/min，进给量为 0.10mm/r；而图 2-118 为加工含硅 13% 的铸铝的结果，其中红色小方块为刀片材质硬质合金，黄色三角形为刀片材质带 TiN 涂层的硬质合金，而玫瑰色的菱形则刀片材质是聚晶金刚石。

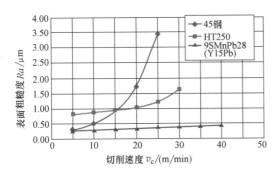

图 2-113 传统铰削的切削速度与表面粗糙度的关系（图片来源：高迈特）

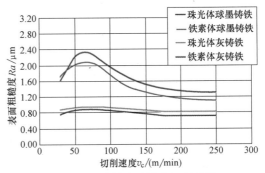

图 2-116 铸铁成分影响切削效果（图片来源：高迈特）

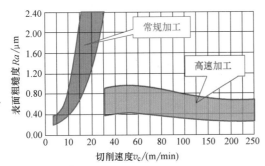

图 2-114 高速铰削的切削速度与表面粗糙度的关系（图片来源：高迈特）

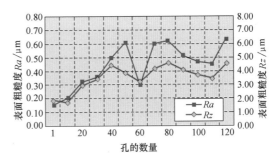

图 2-117 切削某不锈钢的结果（图片来源：高迈特）

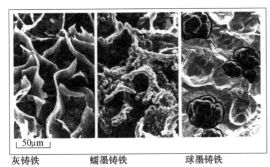

图 2-115 三种铸铁的金相组织（图片来源：高迈特）

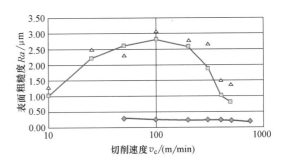

图 2-118 切削某高硅铝的结果（图片来源：高迈特）

进给量对表面粗糙度的影响呈现一个盆地的形态，过大或者过小都不合适（图2-119）。当然，如果用户选用的是高速铰刀而不是常规的铰刀，进给量可以提高不少（图2-120）。

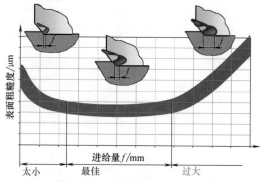

图 2-119 进给量—表面粗糙度关系
（图片来源：高迈特）

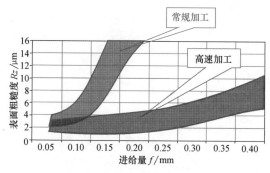

图 2-120 高速铰削的进给量
（图片来源：高迈特）

铰削的切削深度是铰刀完工直径与预制孔直径之差的1/2，这一尺寸也称为铰削余量。合理的铰削余量曲线与进给量曲线有些相似，过大过小都不很合适（图2-121）。因为铰削余量留得太小，铰削时不易矫正上道工序残留的变形以及去掉表面残留的缺陷，铰孔质量会达不到要求。同时因为余量小，受铰刀在刃口钝圆的影响，切屑难以从工件表面分离（参见《数控铣刀选用全图解》的图2-80），第III变形区厚度大，后面上的摩擦可能极其严重，从而降低铰刀的刀具寿命。如果所留的铰削余量太大，势必加大每一个切削刃的切削负荷，破坏铰削过程中的稳定性，并且增加铰削中切削热，使铰刀的直径受热膨胀，孔径也可能随之扩张超出预设范围；切屑变形困难易呈被强迫撕裂的状态，增加加工表面粗糙度值，降低了表面质量。

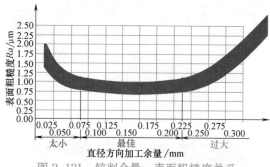

图 2-121 铰削余量—表面粗糙度关系
（图片来源：高迈特）

2.3.3 铰刀的磨损问题

铰刀刃口磨损过程对刃口形态、切削图形和工件表面形态都会产生不小的影响，如图2-122所示，截取了这个过程中有代表性的三个瞬间，表达了这种变化的趋势。

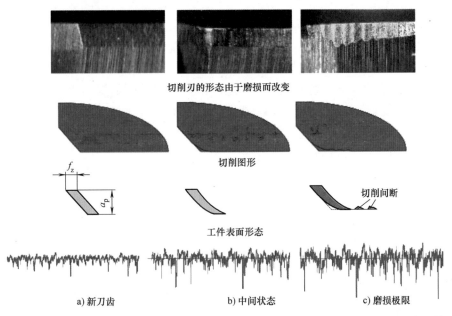

切削刃的形态由于磨损而改变

切削图形

f_z

a_p

切削间断

工件表面形态

a) 新刀齿　　　　　　b) 中间状态　　　　　　c) 磨损极限

图 2-122　铰刀磨损对刃口形状、切削图形和工件表面形态的影响（图片来源：高迈特）

图 2-122a 所示为全新的切削刃，这时主副切削刃都完好，主副后面在总体上与前面交会于一个点——刀尖，切削图形呈平行四边形，工件表面粗糙度较好。

图 2-122b 所示为已经有一定磨损的刃口。这时由于在切削中刀尖负荷比较集中，散热条件又差，磨损较其他部位更快，刃口形态看上去具备了一个圆角，主副切削刃变成了像圆弧连接的形态，切削图形的下方，与底边相接的两条斜边变成了两段圆弧，切削刃—切屑接触长度增加。这时，由于这一段是磨损形成的，只是类圆弧而不是真正的圆弧，不太规则，表面精度值有所增加，工件表面的精度等级下降。

图 2-122c 所示为到了磨损极限。除了刀尖处的磨损加大，主副切削刃连接的类圆弧半径增加外，副切削刃上也会出现一些磨损造成的缺口，在副切削刃上形成不连续的切削图形，这部分会大大增加工件表面的表面粗糙度，使工件表面质量快速趋于不能接受。此时需要换刀。

铰刀通常的磨损既发生在前面，又发生在后面，它会导致铰出的孔越来越小，孔的表面粗糙度值越来越大，如图 2-123 所示。图 2-123a 所示为铰刀前面的磨损状况，图 2-123b 所示为铰刀后面的磨损状况。

图 2-123c 中的两条曲线，红线表示随着磨损的发展，铰刀的直径越磨越小，刃口越来越钝导致孔收缩量增加，被铰出的孔的直径越来越小，逐渐接近孔的下极限尺寸（红虚线）；绿线则表示随着磨损的发展，磨损宽度 L 和磨损高度 B 越来越大，被铰孔的表面粗糙度值越来越大，越来越显得高低不平、坑坑洼洼，也越来越接近表面粗糙度的上限（绿虚线）。无论是孔径到达孔的下极限尺寸，还是孔的表面粗糙度达到表面粗糙度上限，所加工的孔均已不符合要求，应该在这出现之前就采取措施。

■ 后面磨损

与车刀、铣刀的磨损状态类似，铰刀的后面磨损（图 2-124）是铰刀最常见的磨损方式。只要不是过快的后面磨损，可不必惊慌。但如果磨损太快，除降低切削速度之外，还可以用改变刀具材料及涂层、合理钝化及合理选择切削液等方法来延缓后面的磨损。

◆ 涂层

在《数控车刀选用全图解》《数控铣刀选用全图解》和《数控钻头选用全图解》中已经介绍了不少涂层，但由于铰刀的切削层通常较薄，对刀尖锋利性要求较高，由于工艺需要必须在涂前对刃口进行较强钝化处理的化学气相沉积（CVD）一般并不合适。因此普遍采用的是物理气相沉积（PVD）进行的涂层。

虽然通常 PVD 方法的涂层总厚度较薄，但这些涂层对减缓刀具后面的磨损还是很有效的。图 2-125a 所示的是未经涂层的铰刀、加工长度仅 3m 时的后面磨损，而图 2-125b 所示则是经涂层的加工长度达到 10m 时的磨损情况。可以发现，虽然涂层的加工长度比未涂层的多出 3 倍多，但磨损却非常少。

◆ 钝化

关于刃口钝化，同样已在本系列图解书的车刀、铣刀和钻头中做过介绍。钝化对于防止刃口的崩刃很有价值。图 2-126 所示为 2 组铰刀的照片，分别是磨削后未经钝化的铰刀刃口和经钝化的铰刀刃口，各组自左至右分别是 40 倍放大、200 倍放大和 800 倍放大，从中可以观察到刃口的细微变化。作为加工余量较小的铰刀尤其是硬质合金铰刀，钝化的量一般是微量的，钝化值的变动范围也极其有限，稍有不慎，就可能会对铰刀的性能和铰孔的尺寸带来显著的变化。

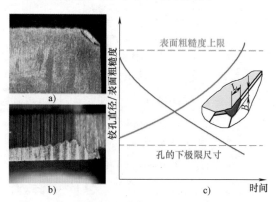

图 2-123　铰刀磨损曲线（图片来源：高迈特）

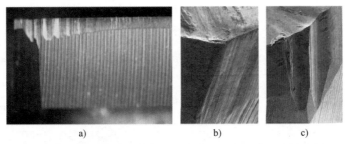

a)　　　　　　　　　　b)　　　　　　　c)

图 2-124　铰刀的后面磨损（图片来源：高迈特、肯纳金属）

a) 未涂层，加工3m　　　　　　　　　b) 涂层后，加工10m

图 2-125　涂层对铰刀的后面磨损的影响（图片来源：肯纳金属）

a) 磨削后未经钝化的铰刀刃口

b) 经钝化的铰刀刃口

图 2-126　铰刀的钝化（图片来源：肯纳金属）

　　图 2-127 所示为铰刀的 F 倒角，这是铰刀厂家在导条式铰刀的刀片和导条处都进行的一个有些类似钝化的处理。因为涉及非切削作用的导条，"钝化"这个专门用于切削刃处理的词似乎不够合适，因此本书按照厂家的说法将其称为"F 倒角"。

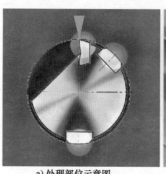
a) 处理部位示意图

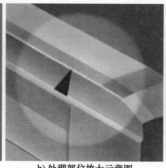
b) 处理部位放大示意图

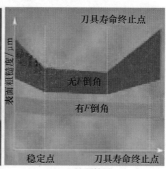

图 2-127 铰刀的 F 倒角（图片来源：玛帕刀具）

图 2-127a 所示的光斑显示这种倒角既可用于刀片，也用于导条：对于刀片，这一倒角起了钝化的作用，对于导条，这一倒角既可防止导条边缘刮伤孔壁，也利于切削液进入导条和孔壁的缝隙建立油楔。从图 2-127b 中可以看到这种倒角在刀片上覆盖的范围既包括主切削刃，也包括副切削刃。据了解，这一倒角的几何尺寸约为倒角宽度 0.2mm。图 2-127c 则显示了这一倒角的优化结果从铰刀一开始使用就有，一直到铰刀寿命的终止。在铰刀开始使用的阶段，原先的初期磨损阶段有较多较快磨损的现象明显减少，通常尺寸减小较多的现象就可避免；在稳定阶段，不但降低了表面粗糙度的数值，提高了加工质量，还延长了刀具寿命。铰刀加工表面质量因刀片磨损被控制而得以改善，质量波动减小、尺寸稳定性好，并能维持到刀片寿命的终点。

◆ 切削液

之前讨论切削液在导条与孔壁之间产生油膜时已经介绍过，从油膜而言，矿物油形成的乳化液能形成很好支承作用，因此矿物油的油膜是首选。经验表明用半合成油来制成的乳化液的支承效果比矿物油的乳化液差很多，而全合成油则很难形成我们所需要的油楔，这对于保证被加工孔的质量是非常不利的。但本节主要考虑的不是切削液对导条的作用，而是切削液对刀尖的作用。

在铰削中，切削液的主要任务是冷却切削刃以优化刀具寿命和排屑。通孔铰削通常向未加工方向排屑，而不通孔且预制孔不够深（预制孔与被铰孔完工深度差不足以容纳切屑），才考虑通过容屑槽向刀柄方向排屑。通常，提高切削液的压力对控制切屑和断屑有积极效果，但 0.4MPa 的压力一般足够。

铰削中使用切削液会降低刀具的磨损，这点似乎并无太大疑问。但在选择切削液的过程中，更多地从加工过程的表面粗糙度出发，还是更多地从刀具寿命出发都是问题。

如图 2-128 所示，乳化液较切削液相比，直径偏差和表面粗糙度都较小，铰孔质量较好；而图 2-129 所示则表明使用乳化液的刀具切削刃磨损宽度要比使用切削油更大。因此，如果用户的铰孔尺寸公差较小或表面质量要求很高，应该优先采用乳化液冷却（导条刀具更是如此），而如果铰孔的直径公差值较大，表面粗糙度要求也不是太高，使用切削油或许是更好的选择。

■ 月牙洼磨损

月牙洼磨损是切屑在铰刀前面上高速流过时，刀具前面在切屑流过的高温和切屑对前面的压力双重作用下发生磨料磨损、黏结磨损、扩散磨损、氧化（化学）磨损等综合作用的结果。由于铰削余量较小、切屑厚度较小，因此切屑对前面的压力不算大，铰刀的这种磨损通常不会太严重。从图 2-123 可以看到，比起后面磨损，月牙洼磨损不太多（这也是铰刀磨损的特点之一）。如果在使用中觉得月牙洼磨损比较严重，可尝试采用正前角的铰刀或降低速度。

■ 积屑瘤

图 2-130 所示为铰刀刃口的积屑瘤。通常积屑瘤是指在加工钢件尤其是中碳钢、

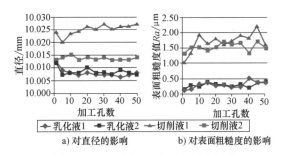

a) 对直径的影响　　b) 对表面粗糙度的影响

图 2-128　切削液对铰削质量的影响
（图片来源：高迈特）

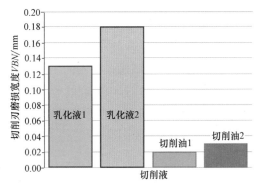

图 2-129　切削液对铰刀刀具寿命的影响
（图片来源：高迈特）

图 2-130　铰刀刃口的积屑瘤
（图片来源：高迈特）

高硅铝等塑性材料时，在近刀尖处的前面上出现的小块且硬度较高的金属黏附物。在切屑由较大的切削力的高压和剧烈摩擦产生的高温下，与前刀面接触的那一部分切屑流动速度相对减慢形成滞留。这些的滞流材料就会部分黏附在刀具的前面上，从而形成了积屑瘤。

积屑瘤的硬度比原材料的硬度要高，可代替切削刃进行切削，但其刃口形状和位置随机，对加工精度和表面粗糙度有影响，这对通常尺寸公差小、表面质量要求高的铰削而言常常是难以接受的。

图 2-131 所示为有积屑瘤的铰刀刃口及其所加工出的孔表面。由于存在"伪切削刃"，工件的圆孔表面有明显的"沟"，这样的孔的表面质量通常很难达到铰孔的质量要求。

图 2-132 是采取了措施使铰刀刃口不再产生积屑瘤之后的切削刃刃口及其所加工的孔的情况，可以看到，由于没有了积屑瘤，孔的表面质量明显得到了改善。

避免产生积屑瘤的一个重要方法，就是在切削速度的选择上避开易于产生积屑瘤的区间。如图 2-133 所示，积屑瘤只在一定的速度区间中产生，如果铰刀切削速度避开了这个区间，积屑瘤就不易产生。例如，在铰削含硅 13% 的铸铝时，20 ～ 100m/min 的切削速度时最易产生积屑瘤，加工表面的表面粗糙度值较高；超过 100m/min

的切削速度时积屑瘤明显减小，表面粗糙度值下降，质量提高；超过 250m/min 的切削速度时几乎不产生积屑瘤，表面粗糙度值更小。若采用切屑不易堆焊的聚晶金

图 2-131　有积屑瘤的铰刀刃口及其所加工出的孔表面（图片来源：肯纳金属）

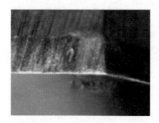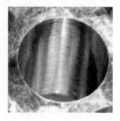

图 2-132　没积屑瘤的铰刀刃口及其所加工出的孔表面（图片来源：肯纳金属）

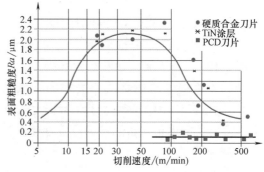

图 2-133　切削速度对积屑瘤的影响（图片来源：肯纳金属）

刚石（PCD）作为刀具材料进行切削，则不易产生积屑瘤。

■ 崩刃

铰刀若发生崩刃则建议减少进给量并减少切削余量，或使用韧性较好的硬质合金。

■ 刀体磨损

由于切屑的作用，铰刀刀体常会发生图 2-134 所示的磨损。但这样的磨损不易引起刀具的失效，不必为此过分担忧。

■ 铰削常见问题及解决方法

铰削中常见的问题及其解决方法见表 2-3。

图 2-134　铰刀刀体的磨损
（图片来源：山高刀具）

表 2-3　铰削中常见的问题及其解决方法

编号	描述	图示	解决方法
1	孔尺寸过大		1）使跳动量最小化。例如使用"对中"刀柄 2）确保铰刀与预加工孔同心 3）如因积屑瘤造成，请调整切削速度，或更换为切削刃带涂层的铰刀
2	锥形孔，退刀处尺寸过大		多半是由于位置不正确，请确保铰刀与预加工孔同心
3	锥形孔，进刀处尺寸过大		1）如因径向圆跳动量不正确／旋转轴线与预加工孔轴线不平行引起，请使径向圆跳动量最小化。例如使用"对中"刀柄 2）如因位置不正确造成，请确保铰刀与预加工孔同心 3）如因在进刀过程中铰刀上的压力过大，建议在进刀过程中减少进给量

（续）

编号	描述	图示	解决方法
4	孔的圆度差		1）如因径向圆跳动量不正确／旋转轴线与预加工孔轴线不平行，或因倾斜进刀所致的非对称切削，请使跳动量最小化，如使用"对中"刀柄 2）如因位置不正确造成，请确保铰刀与预加工孔同心 3）如因在进刀过程中铰刀上的压力过大，建议在进刀过程中减少进给量 4）如因齿数过少／等分布齿，请采用完全不等分齿，或者增加齿数
5	表面质量差		1）如刀齿上有磨损痕迹、崩刃等，请换刀 2）如加工参数不正确，请调整切削用量 3）如积屑瘤造成，请调整切削速度，或更换为切削刃带涂层的铰刀
6	振动		1）如由于倾斜进刀所致的非对称切削，或者径向圆跳动／角度不正确，请使跳动量最小化，例如使用"对中"刀柄 2）如因位置不正确造成，请确保铰刀与预加工孔同心 3）如因在进刀过程中铰刀上的压力过大，建议在进刀过程中减少进给量

2.4 数控铰刀选用案例

2.4.1 加工任务

需要中小批量加工图 2-135 所示的工件（工件材料为 40Cr，硬度为 HBW300），工件概况如下。

孔 I （绿色尺寸标注的孔）的参数：孔径为 $\phi8H7\binom{+0.015}{0}$，表面粗糙度值 $Ra=0.8\mu m$，孔的圆度为 0.02mm 及圆柱度为 0.01mm，孔的加工余量 0.1mm。

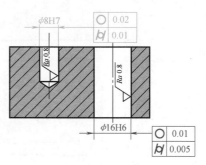

图 2-135　加工案例示意图（图片来源：肯纳金属）

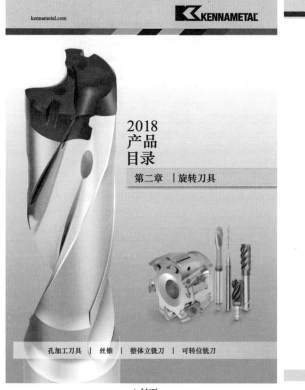

a) 封面

b) 总目录

图 2-136　铰刀选刀样本（图片来源：肯纳金属）

孔Ⅱ（蓝色尺寸标注的孔）的参数：孔径 $\phi16H6\left(^{+0.011}_{0}\right)$，表面粗糙度 $Ra=0.8\mu m$，孔的圆度为 0.01mm 及圆柱度为 0.005mm，孔的加工余量 0.1mm。

机床主轴接口为 HSK63A，机床最高转速 15000r/min，主轴径向圆跳动 0.003mm。

现以图 2-136 所示的肯纳金属主目录（2018 版）为例，进行本案例 2 个孔（孔Ⅰ和孔Ⅱ）的铰刀选用。

2.4.2　孔Ⅰ铰刀的选用

图 2-137 所示为孔精加工刀具目录，可以看到其中 K4～K5 是其孔精加工刀具选择指南（图 2-138 所示为其中铰刀部分中的一部分），而 K94～K127 是其铰刀部分规格。

KENNAMETAL

孔精加工刀具

kennametal.com

KENNAMETAL

K1

图 2-137　孔精加工刀具目录（图片来源：肯纳金属）

首选 ● 备选 ○	P	M	K	N	S	H	标准产品 直径		定制产品 直径		⊕	⌀
							范围	精度	范围	精度		
RMS™ 整体 硬质合金	●	●	●	●	○		5～14mm	IT7	1.4～25.4mm	IT6>10mm	10μm	7μm
RMR™ 整体焊接 硬质合金	●	●	●				14～20mm	IT7	14～42mm	IT6	10μm	7μm
RMB™ 金属陶瓷焊刃 金属陶瓷	●		○	○			14～20mm	IT7	14～65mm	IT6	10μm	7μm
RMB-E™ 膨胀式铰刀 硬质合金/金属陶瓷	●	●	●				14～42mm	IT6	14～42mm	IT5～IT6	10μm	7μm
RHR™ 模块化整体焊接 硬质合金	●	●	●				14～42mm	IT7	14～42mm	IT6	10μm	7μm
RHM™ 模块化金属陶瓷焊刃 金属陶瓷	●		○	○			14～42mm	IT7	14～50mm	IT6	10μm	7μm
RHM-E™（膨胀式） 模块化膨胀式铰刀 硬质合金/金属陶瓷	●	●	●				14～42mm	IT6	14～42mm	IT5～IT6	10μm	7μm
RIR™ 铰刀刀片长方形 硬质合金	●	●	●			○	—		6～300mm	IT5	10μm	4μm
Quattro Cut™RIQ™ 铰刀刀片Quattro Cut 硬质合金/金属陶瓷/PCD/CBN	●	●	●	●		○	—		16～300mm	IT5	10μm	4μm

图 2-138　铰刀选用指南（图片来源：肯纳金属）

根据孔径 8mm、公差带 H7 两项要求，符合的仅 RMS 整体硬质合金铰刀一种，其圆度 10μm、圆柱度 7μm 的几何公差也能符合本加工任务 20μm 和 10μm 的加工需求。K5 页的关于表面粗糙度、通孔或不通孔等适应性也符合，因此前往 K6～K10 页做进一步选择。

在 K6～K10 中，铰刀规格在 K8 和 K9 两个页面，如图 2-139 所示。请注意两页的铰刀规格上各有一个代表切削液流向的图示（红圈），图 2-139a 中的铰刀切削液由端部输出，图 2-139b 中的铰刀切削液由容屑槽部分输出，这与之前的图 2-97 所示部分相似，切削液端部输出的用于不通孔，而切削液由容屑槽输出的则用于通孔，这样的安排是为了排屑的需要。

因此，由于孔 I 是不通孔，应该选择图 2-139a 中的相应规格，再根据工件材料为 40Cr 的情况，应选用钢类材料"P"为首选的 KC6305 的材质，即选用的铰刀为

RMS08000H7SF KC6305

样本显示，该铰刀具有 6 个刀齿。

在介绍这些铰刀的切削用量选择前，有必要先介绍一下肯纳金属的被加工材料分组。虽然大的分类方面，各家与国际标准（ISO513：2012）将被加工工件材质分为 7 类（其中"其余"普遍未启用）是一致的，但在分组方面各家并不完全一致，因此在选择工件材料分组（图 2-140）时需注意具体厂家的分组规定。图 2-140 就是肯纳金属的相关规定（其 2018 版样本就材料分组举例列了 2 张图，我们选用了与中国标准材料相近的德国材料的举例图）。

按照图 2-140 所示，碳的质量分数大于 0.25%，布氏硬度介于 220～330HBW 之间的钢材属于 P3 组。因此，本例的工件材料为 40Cr，硬度为 300HBW 就属于 P3 组。

由于刀具材质为 KC6305，按 K10 页上的切削规范（图 2-141）孔 I 的切削速度初始值应为 100m/min（切削速度最小值为 75m/min，切削速度最大值为 130m/min）；每齿进给量最小值为 0.05mm/z（因为该刀具具有 6 个刀齿，进给量最小值为 0.30mm/r），最大值为 0.12mm/z 进给量最大值为（0.72mm/r）。因此，推荐起始切削数据为：

切削速度 v_c 为 100m/min。

进给量 f 为 0.50mm/r。

▶ 2.4.3 孔 II 铰刀的选用

相较于孔 I，孔 II 的直径大了、直径公差和几何公差要求更高、孔型也从不通孔变为通孔，其刀具选择相应发生一些改变。

同样按照图 2-138，符合 ϕ16H6 公差要求的，有 RMB-E 和 RHM-E 两类铰刀，两者在切削性能上并无差别，只是 RMB-E 是可胀的整体式（参见图 2-142，类似于图 2-87），而 RHM-E 是模块化的（参见图 2-143，类似于图 2-89，而肯纳金属的模块

結構如圖 2-49～圖 2-52 所示）。

- 孔公差等級為 H7。
- 提供非標尺寸，研磨處理可達 IT7 級。
- 提供直徑 10mm 及以上產品，孔公差可實現 IT6 級。

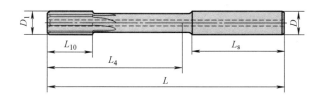
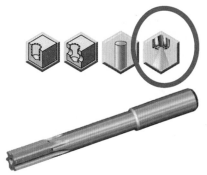

■■RMS·不通孔整體硬質合金內冷鉸刀

●首選
●備選

K605	KC6305	D_1	D	L	L_4	L_{10}	L_s	刃數
RMS05000H7SF	RMS05000H7SF	5.00	6.00	74.0	32.0	12.0	36.0	4
RMS05500H7SF	RMS05500H7SF	5.50	6.00	74.0	32.0	12.0	36.0	4
RMS06000H7SF	RMS06000H7SF	6.00	6.00	74.0	32.0	12.0	36.0	4
RMS06500H7SF	RMS06500H7SF	6.50	8.00	91.0	49.0	16.0	36.0	4
RMS07000H7SF	RMS07000H7SF	7.00	8.00	91.0	49.0	16.0	36.0	4
RMS08000H7SF	RMS08000H7SF	8.00	8.00	91.0	49.0	16.0	36.0	6
RMS09000H7SF	RMS09000H7SF	9.00	10.00	103.0	57.0	20.0	40.0	6
RMS10000H7SF	RMS10000H7SF	10.00	10.00	103.0	57.0	20.0	40.0	6
RMS11000H7SF	RMS11000H7SF	11.00	12.00	118.0	67.0	24.0	45.0	6
RMS12000H7SF	RMS12000H7SF	12.00	12.00	118.0	67.0	24.0	45.0	6
RMS13000H7SF	RMS13000H7SF	13.00	14.00	132.0	81.0	28.0	45.0	6
RMS14000H7SF	RMS14000H7SF	14.00	14.00	132.0	81.0	28.0	45.0	6

a) K8頁面

圖 2-139　整體硬質合金鉸刀樣本（圖片來源：肯納金屬）

- 孔公差等级为 H7。
- 提供非标尺寸，研磨处理可达 IT7 级。
- 提供直径 10mm 及以上产品，孔公差可实现 IT6 级。

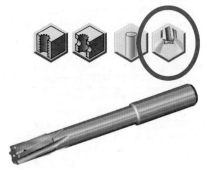

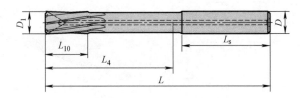

■ RMS·通孔整体硬质合金内冷铰刀

● 首选
○ 备选

K605	KC6305	D_1	D	L	L_4	L_{10}	L_s	刃数
RMS05000H7HF	RMS05000H7HF	5.00	6.00	74.0	32.0	12.0	36.0	4
RMS05500H7HF	RMS05500H7HF	5.50	6.00	74.0	32.0	12.0	36.0	4
RMS06000H7HF	RMS06000H7HF	6.00	6.00	74.0	32.0	12.0	36.0	4
RMS06500H7HF	RMS06500H7HF	6.50	8.00	91.0	49.0	16.0	36.0	4
RMS07000H7HF	RMS07000H7HF	7.00	8.00	91.0	49.0	16.0	36.0	4
RMS08000H7HF	RMS08000H7HF	8.00	8.00	91.0	49.0	16.0	36.0	6
RMS09000H7HF	RMS09000H7HF	9.00	10.00	103.0	57.0	20.0	40.0	6
RMS10000H7HF	RMS10000H7HF	10.00	10.00	103.0	57.0	20.0	40.0	6
RMS11000H7HF	RMS11000H7HF	11.00	12.00	118.0	67.0	24.0	45.0	6
RMS12000H7HF	RMS12000H7HF	12.00	12.00	118.0	67.0	24.0	45.0	6
RMS13000H7HF	RMS13000H7HF	13.00	14.00	132.0	81.0	28.0	45.0	6
RMS14000H7HF	RMS14000H7HF	14.00	14.00	132.0	81.0	28.0	45.0	6

b) K9 页面

图 2-139　整体硬质合金铰刀样本（图片来源：肯纳金属）（续）

	P	钢		N	非铁金属		H	硬材料
	M	不锈钢		S	高温合金		C	CFRP材料
	K	铸铁						

材料 分组	描述	组成	抗拉 强度 R_m / MPa	硬度 HBW	硬度 HRC	材料 编号
P0	低碳钢，长切屑	C的质量分 数<0.25%	<530	<125	—	—
P1	低碳钢，短切屑，易切削	C的质量分 数<0.25%	<530	<125	—	C15, Ck22, ST37-2, S235JR, 9SMnPb28, GS38
P2	中碳钢和高碳钢	C的质量分 数>0.25%	>530	<220	<25	ST52, S355JR, C35, GS60, Cf53
P3	合金钢和工具钢	C的质量分 数>0.25%	600～850	<330	<35	16MnCr5, Ck45, 21CrMoV5-7, 38SMn28
P4	合金钢和工具钢	C的质量分 数>0.25%	850～1400	340～450	35～48	100Cr6, 30CrNiMo8, 42CrMo4, C70W2, S6525, X120Mn12
P5	铁素体、马氏体和PH不锈钢	—	600～900	<330	<35	100Cr6, 30CrNiMo8, 42CrMo4, C70W2, S6525, X120Mn12
P6	高强度铁素体、马氏体和PH不锈钢	—	900～1350	350～450	35～48	X102CrMo17, G−X120Cr29
M1	奥氏体不锈钢	—	<600	130～200	—	X5CrNi 18 10, X2CrNiMo 17 13 2, G-X25CrNiSi18 9, X15CrNiSi 20 12
M2	高强度奥氏体不锈钢和铸造不锈钢	—	600～800	150～230	<25	X2CrNiMo 13 4, X5NiCr 32 21, X5CrNiNb 18 10, G−X15CrNi 25 −20
M3	双相不锈钢	—	<800	135～275	<30	X8CrNiMo27 5, X2CrNiMoN22 5 3, X20CrNiSi25 4, G−X40CrNiSi27 4
K1	灰铸铁	—	125～500	120～290	<32	GG15, GG25, GG30, GG40, GTW40
K2	低−中强度延性铁（球墨铸铁）及蠕墨铸铁	—	<600	130～260	<28	GGG40, GTS35
K3	高强度延性铁和奥氏体回火处理延性铁（ADI）	—	>600	180～350	<43	GGG60, GTW55, GTS65

图 2-140　工件材料分组（图片来源：肯纳金属）

　　一般而言，整体铰刀比起连刀头带刀杆的模块化铰刀价格要低一些；但铰刀切削部分达到磨损极限之后，整体铰刀要整个一起报废，这又比模块化铰刀仅更换刀头的费用要高。因此，常规上小批量制造时推荐用整体式铰刀，而大批量制造时推荐模块化铰刀（两者之间的中等批量，则需要根据其他加工任务确定）。

　　在本案例中小批量的条件下，选用整体式的结构，即 RMB-E 铰刀。由图 2-138 右侧蓝色空心箭头所指，我们前往 K19 ～ K22 页选择具体的 RMB-E 铰刀规格。

　　在 K19 ～ K22 页中，K19 ～ K20 是相应的铰刀规格，其中 K19 页是用于不通孔的 RMB-E 铰刀，而 K20 页则是用于通孔的 RMB-E 铰刀：与图 2-139 类似，这两页的

		直槽		螺旋槽		米制						
		K605		KC6305								
		切削速度v_c				建议每齿进给量						
		范围 /(m/min)				刀具直径/mm	4.16～7.15		7.16～9.59		9.60～14.00	
材料分组		最小值	初始值	最大值	最小值	初始值	最大值	每齿进给量	最小值	最大值	最小值	最大值	最小值	最大值
P	1	40	60	70	90	120	155	mm/z	0.05	0.10	0.05	0.12	0.05	0.15
	2	40	60	70	90	120	155	mm/z	0.05	0.10	0.05	0.12	0.05	0.15
	3	35	50	60	75	100	130	mm/z	0.05	0.10	0.05	0.12	0.05	0.15
	4	25	40	45	60	80	105	mm/z	0.05	0.10	0.05	0.12	0.05	0.15
	5	15	20	25	30	40	55	mm/z	0.04	0.08	0.04	0.10	0.04	0.12
	6	15	20	25	30	40	55	mm/z	0.04	0.08	0.04	0.10	0.04	0.12
M	1	8	10	15	15	20	28	mm/z	0.04	0.08	0.04	0.09	0.04	0.10
	2	8	10	15	15	20	28	mm/z	0.04	0.08	0.04	0.09	0.04	0.10
	3	8	10	15	15	20	28	mm/z	0.04	0.08	0.04	0.09	0.04	0.10
K	1	35	50	60	75	100	130	mm/z	0.05	0.16	0.05	0.18	0.05	0.20
	2	25	40	50	60	90	110	mm/z	0.05	0.14	0.05	0.16	0.05	0.18
	3	20	30	45	60	80	105	mm/z	0.05	0.12	0.05	0.14	0.05	0.16

图 2-141　肯纳 RMS 铰刀切削用量（图片来源：肯纳金属）

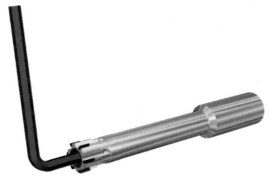

图 2-142　RMB-E 铰刀示意图
（图片来源：肯纳金属）

图 2-143　RHM-E 铰刀示意图
（图片来源：肯纳金属）

左上角也有切削液通道标示，限于篇幅，我们这里只引用了 K20 页 RMB-E 通孔铰刀规格（图 2-144）。

从中可以选到铰削加工 ϕ16H6 通孔的铰刀为 RMBE16000H6HF，其具有 6 个刀齿。

而该铰刀有 KC6005 和 KC6305 两种材质。

肯纳金属在其样本旋转刀具的开始，介绍了其用于旋转刀具（即铣刀、钻头、

孔精加工等刀具）的各种材质，孔加工刀具材质说明如图 2-145 所示。

可以看到，相较于比较通用的涂 TiN 涂层的 KC6005，涂 TiAlN 的 KC6305 尤其适用于铸铁和钢材料的加工，因此本案例最终选用的铰刀是：RMBE16000H6HF KC6305。

图 2-146 是样本 K21 页 RMB-E 铰刀调整说明，其中当内六角扳手每顺时针旋转 30°时铰刀直径会有 2μm 的膨胀（未经刃磨的铰刀初始直径不会小于公称尺寸），而当合计旋转 720°（即胀大 48μm）后会无法继续膨胀，即此铰刀未经刃磨前的调节范围应该在 ϕ16 ～ ϕ16.048mm 之间。

图 2-147 是样本 K22 页 RMB-E 铰刀切削参数。参照之前的孔 I （即 ϕ8H7）关于工件材质的说明，孔 II 的材质依然是按照 P3 的材料组来选取，即在 RMB-E 的 KC6305 材质与 P3 材料组的交接处选出：切削速度初始值应为 100m/min（切削速度最小值为 75m/min，切削速度最大值为 130m/min）；每齿进给量最小值为 0.10mm/z（因为具有 6 个刀齿，进给量最小值为 0.60mm/r），每齿进给量最大值为 0.22mm/z（进给量最小值为 1.32mm/r）。因此，推荐起始切削参数为：

切削速度 v_c 为 100m/min。

进给量 f 为 0.90mm/r。

- 孔公差等级为H6。
- 提供中间尺径非标产品。
- 内六角膨胀螺钉。

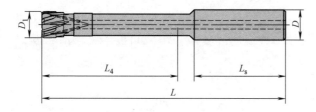

■ RMB-E·通孔膨胀式铰刀

● 首选
○ 备选

KC6005	KC6305	D_1	D	L	L_4	L_s	刃数
RMBE14000H6HF	RMBE14000H6HF	14.00	16.00	131.5	72.5	49.0	6
RMBE15000H6HF	RMBE15000H6HF	15.00	16.00	136.5	77.5	49.0	6
RMBE16000H6HF	RMBE16000H6HF	16.00	20.00	143.5	82.5	51.0	6
RMBE17000H6HF	RMBE17000H6HF	17.00	20.00	148.5	87.5	51.0	6
RMBE18000H6HF	RMBE18000H6HF	18.00	20.00	153.5	92.5	51.0	6
RMBE19000H6HF	RMBE19000H6HF	19.00	20.00	158.5	97.5	51.0	6
RMBE20000H6HF	RMBE20000H6HF	20.00	25.00	169.8	102.5	57.0	6

注:根据要求可提供未涂层硬质合金材质 K605^{TM} 产品。

图 2-144　RMB-E 通孔铰刀规格（图片来源：肯纳金属）

具有高速加工性能的涂层，可用于精加工至重型加工的应用范围。

P 钢
M 不锈钢
K 铸铁
N 非铁材料
S 高温合金
H 硬化材料

耐磨损 ◄──────► 韧性

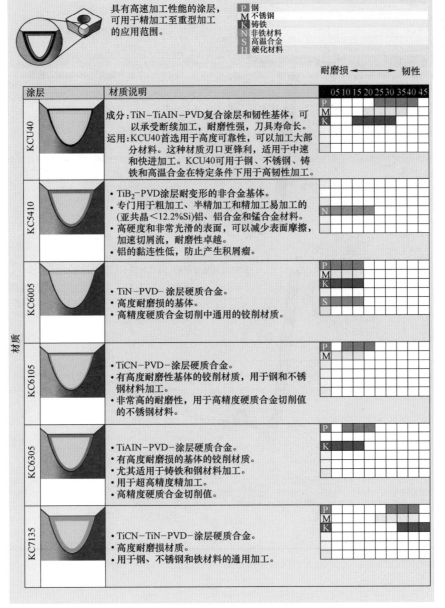

涂层	材质说明	05 10 15 20 25 30 35 40 45
KCU40	成分：TiN–TiAlN–PVD复合涂层和韧性基体，可以承受断续加工，耐磨性强，刀具寿命长。 运用：KCU40首选用于高度可靠性，可以加工大部分材料。这种材质刃口更锋利，适用于中速和快进加工。KCU40可用于钢、不锈钢、铸铁和高温合金在特定条件下用于高韧性加工。	P / M / K
KC5410	• TiB$_2$–PVD涂层耐变形的非合金基体。 • 专门用于粗加工、半精加工和精加工易加工的(亚共晶＜12.2%Si)铝、铝合金和锰合金材料。 • 高硬度和非常光滑的表面，可以减少表面摩擦，加速切屑流，耐磨性卓越。 • 铝的黏连性低，防止产生积屑瘤。	N
KC6005	• TiN–PVD–涂层硬质合金。 • 高度耐磨损的基体。 • 高精度硬质合金切削中通用的铰削材质。	P / M / K / S
KC6105	• TiCN–PVD–涂层硬质合金。 • 有高度耐磨性基体的铰削材质，用于钢和不锈钢材料加工。 • 非常高的耐磨性，用于高精度硬质合金切削值的不锈钢材料。	P / M
KC6305	• TiAlN–PVD–涂层硬质合金。 • 有高度耐磨损的基体的铰削材质。 • 尤其适用于铸铁和钢材料加工。 • 用于超高精度精加工。 • 高精度硬质合金切削值。	P / K
KC7135	• TiCN–TiN–PVD–涂层硬质合金。 • 高度耐磨损材质。 • 用于钢、不锈钢和铁材料的通用加工。	P / M / K

图 2-145　孔加工刀具材质说明（图片来源：肯纳金属）

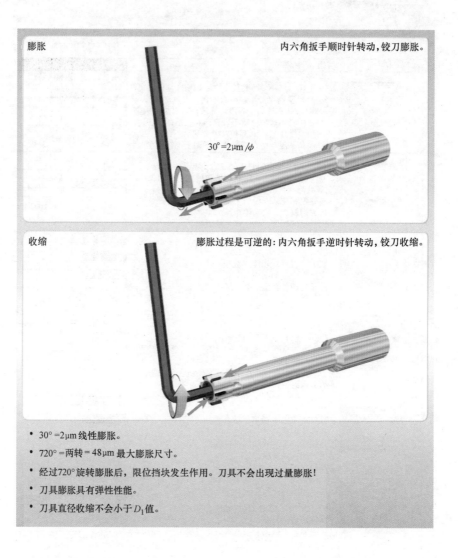

膨胀　　　　　　　　　　　　　　　　内六角扳手顺时针转动,铰刀膨胀。

$30° = 2\mu m / \phi$

收缩　　　　　　　　　　　　膨胀过程是可逆的:内六角扳手逆时针转动,铰刀收缩。

- $30° = 2\mu m$ 线性膨胀。
- $720° = $ 两转 $= 48\mu m$ 最大膨胀尺寸。
- 经过720°旋转膨胀后,限位挡块发生作用。刀具不会出现过量膨胀!
- 刀具膨胀具有弹性性能。
- 刀具直径收缩不会小于 D_1 值。

图 2-146　RMB-E 铰刀调整说明(图片来源:肯纳金属)

材料分组		RMB™-金属陶瓷焊刃						RMB-E						米制				
		直槽			螺旋槽			直槽			螺旋槽								
		KT6215			KT6215			K605			KC6305								
		切削速度 v_c 范围/(m/min)												建议每齿进给量					
														刀具直径/mm		14.00～19.99		20.00～32.00	
		最小值	初始值	最大值	最小值	初始值	最大值	最小值	初始值	最大值	最小值	初始值	最大值	每齿进给量	最小值	最大值	最小值	最大值
P	1	150	180	210	180	210	240	40	60	70	90	120	155	mm/z	0.10	0.22	0.10	0.25
	2	150	180	210	180	210	240	40	60	70	90	120	155	mm/z	0.10	0.22	0.10	0.25
	3	130	160	180	150	180	210	30	40	50	75	100	130	mm/z	0.10	0.22	0.10	0.25
	4	100	130	150	120	150	170	25	40	45	50	80	105	mm/z	0.10	0.22	0.10	0.25
	5	80	100	120	100	130	150	20	20	30	30	40	55	mm/z	0.08	0.20	0.08	0.22
	6	80	100	120	100	130	150	10	20	30	30	40	55	mm/z	0.08	0.20	0.08	0.22
M	1	—	—	—	—	—	—	8	10	15	15	20	28	mm/z	0.08	0.18	0.08	0.20
	2	—	—	—	—	—	—	8	10	15	15	20	28	mm/z	0.08	0.18	0.08	0.20
	3	—	—	—	—	—	—	8	10	15	15	20	28	mm/z	0.08	0.18	0.08	0.20
K	1	150	180	200	180	210	240	30	50	60	80	110	130	mm/z	0.10	0.22	0.10	0.25
	2	130	160	180	150	180	210	25	40	45	65	90	110	mm/z	0.10	0.22	0.10	0.25
	3	100	130	160	120	150	170	20	30	40	50	70	90	mm/z	0.10	0.20	0.10	0.22
N	1	—	—	—	—	—	—	110	150	195	—	—	—	mm/z	0.10	0.30	0.10	0.30
	2	—	—	—	—	—	—	110	150	195	—	—	—	mm/z	0.10	0.30	0.10	0.30
	3	—	—	—	—	—	—	110	150	195	—	—	—	mm/z	0.10	0.30	0.10	0.30
	4	—	—	—	—	—	—	110	150	195	—	—	—	mm/z	0.10	0.30	0.10	0.30
	5	—	—	—	—	—	—	105	140	180	—	—	—	mm/z	0.10	0.30	0.10	0.30
S	1	—	—	—	—	—	—	8	10	15	15	20	28	mm/z	0.10	0.18	0.10	0.20
	2	—	—	—	—	—	—	8	10	15	15	20	28	mm/z	0.10	0.18	0.10	0.20
	3	—	—	—	—	—	—	15	20	30	20	30	40	mm/z	0.10	0.20	0.10	0.20
	4	—	—	—	—	—	—	15	20	30	20	30	40	mm/z	0.10	0.20	0.10	0.20

图 2-147 RMB-E 铰刀切削用量（图片来源：肯纳金属）

3

扩孔刀

3.1 可转位扩孔刀

在加工中心上进行扩大孔径的加工（即扩孔加工），主要用于去除金属（材料切除率是首要考虑因素），以扩大通过钻、铸造或锻造等方法加工出来的孔，可以满足标准公差等级为 IT9 左右的精度要求。

3.1.1 扩孔钻削加工的切削用量

图 3-1 所示为扩孔钻削加工的切削用量，包括红色箭线表示的切削速度，绿色箭头间的长度表示切削深度，黄色箭线表示的是进给量。在某些扩孔方式中，有的刀具有几个不同的轴向位置和径向位置的刀尖，那就会有几个不同的切削深度（这类似于双刀片导条式铰刀加工），在后面详细介绍。

■ 切削速度

扩孔刀以一定的转速旋转，从而加工出一定直径 D_c 的孔。这样在切削刃上得到一个特定的切削速度 v_c。v_c 对刀具寿命有直接影响。扩孔切削速度 v_c 的计算结果如图 3-2 所示。由图 3-2 可知，对直径 32mm 的孔，假设切削速度约为 275m/min，则扩孔刀的转速约为 2750r/min。如需精确计算，可使用如下公式

$$v_c = \frac{\pi D_c n}{1000}$$

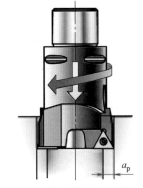

图 3-1 扩孔钻削加工的切削
（图片来源：山特维克可乐满）

或者

$$n = \frac{1000 v_c}{\pi D_c}$$

式中　v_c——切削速度（m/min）；

D_c——扩孔刀直径（mm）；

n——转速（r/min）。

按公式做精确计算，可得 $n = 2737$r/min。

■ 进给量

刀具在进给运动方向上相对于工件的每转位移量称为进给量（如图 3-3 中的 f），单位为 mm/r。扩孔刀多为多刃刀具，当各个切削刃具有相同的轴向位置和径向位置时，进给量 f 等于每齿进给量 f_z 乘以刀片数量 z，即

$$f = f_z z$$

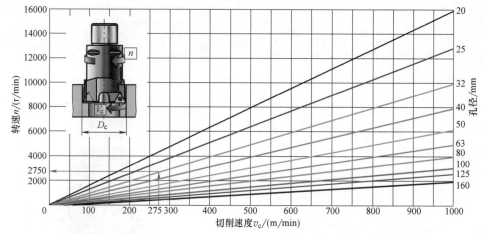

图 3-2　扩孔切削速度 v_c 的计算结果（图片来源：山特维克可乐满和瓦尔特刀具）

进给量影响进给速度。进给速度 v_f 是指扩孔刀的轴向运动速度。进给速度 v_f 与生产率密切相关

$$v_f = fn$$

式中　v_f——进给速度（mm/min）；

f——进给量（mm/r）；

n——转速（r/min）。

■ 切削深度

切削深度 a_p 如图 3-3、图 3-4 所示。切削深度是切削刃切削之后的半径（$D_c/2$）与

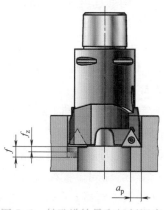

图 3-3　扩孔进给量和切削深度
（图片来源：山特维克可乐满）

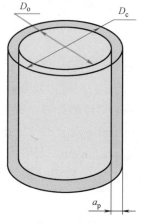

图 3-4　扩孔切削深度

切削之前的半径（$D_o/2$）之差

$$a_p = (D_c - D_o)/2$$

■ **材料切除率**

材料切除率 Q 是扩孔中单位时间切除的材料体积，即切削面积与单位时间切削长度（即进给速度）的乘积。其常用单位不是 mm^3/min 而是 cm^3/min，公式为

$$Q = \frac{\pi v_f}{4 \times 1000}(D_c^2 - D_o^2)$$

式中　v_f——进给速度（mm/min）；
　　　D_c——切削之后的直径（mm）；
　　　D_o——切削之前的直径（mm）。

▶ 3.1.2　可转位扩孔刀具的模块接口

之前提到过，大部分可转位扩孔刀具使用模块化的接口。在这里简要介绍一些可转位扩孔刀用的模块化的接口。

■ **Varilock 接口**

图 3-5 和图 3-6 所示分别为轴向锁紧的圆柱接口——Varilock 接口的外形图及结构图，轴向用螺钉锁紧。固定在带圆柱一端接合面上的键（图 3-6 中淡红色件）能起辅助传递转矩的作用。

■ **CK 接口**

图 3-7 所示为径向带锥头的紧定螺钉的 CK 接口。这种接口仅需一个内六角扳手。紧定螺钉的螺孔与锁紧锥孔的中心线不重合，这样在锁紧时螺钉头部 30° 的锥面可以将接合面之间的间隙消除，使接合面

贴紧（图 3-8）。在起类似插头作用的接口柄部（下文称为插头）上设有加强栓（图 3-9），而在起类似插座作用的接口安装孔（下文称为插座）端设有相应的槽，加强栓的作用也是在转矩过大时辅助传递转矩。

■ **MVS 接口和 ECK 接口**

与 CK 接口的单螺钉锁紧系统不同，MVS 接口（图 3-10）是一种双螺钉锁紧系统。与其类似的有 ECK 接口（图 3-11）。

图 3-5　Varilock 接口外形图

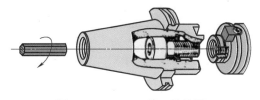

图 3-6　Varilock 接口结构图
（图片来源：山特维克可乐满）

图 3-7　径向带锥头的紧定螺钉的 CK 接口
（图片来源：大昭和）

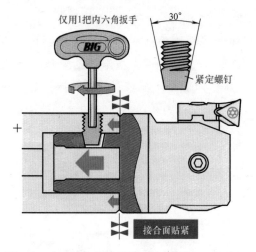

图 3-8　CK 接口锁紧原理（图片来源：大昭和）

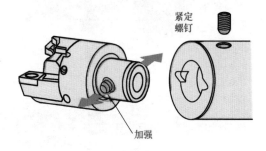

图 3-9　CK 接口的加强栓结构（图片来源：大昭和）

图 3-10　MVS 接口（图片来源：沃好特）

图 3-11　ECK 接口（图片来源：艾菲莱）

MVS 接口与 ECK 接口都是由 *A*、*B*、*C* 三点锁紧（图 3-12）。同样通过接口柄部（简称"插头"，下同）接口安装孔（简称"插座"，下同）间紧定螺钉的螺孔与锁紧锥孔中心线间的微小轴向距离，将"插头"拉向"插座"，使接合面紧密相贴（图 3-13），从而实现刚性的锁紧。

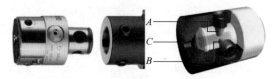

图 3-12　MVS 接口锁紧原理（图片来源：沃好特）

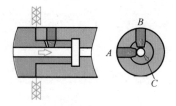

图 3-13　ECK 接口锁紧原理（图片来源：艾菲莱）

■ Graflex 接口

图 3-14 所示为 Graflex 接口及其锁紧示意图。

Graflex 接口的主体也是圆柱连接副。如图 3-14a 所示，"插座"上装有两个球头锁紧螺钉和一组榫头锁紧部件（包括定位螺钉及与其旋合的定位销）。图 3-14c ～ f 所示为 Graflex 接口各阶段锁紧状态。两个球头紧定螺钉的螺孔在"插座"上的中心线距端面的距离，与"插头"上相应的两个球坑的中心线距端面的距离也有差异，锁

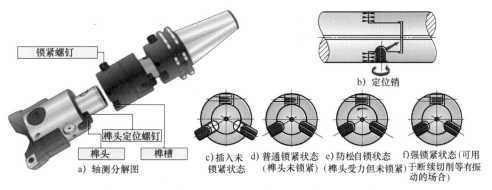

锁紧螺钉

榫头定位螺钉

榫头　榫槽

a) 轴测分解图

b) 定位销

c) 插入未
锁紧状态

d) 普通锁紧状态
（榫头未锁紧）

e) 防松自锁状态
（榫头受力但未锁紧）

f) 强锁紧状态（可用
于断续切削等有振
动的场合）

图3-14　Graflex接口及其锁紧示意图（图片来源：山高刀具）

紧时球头紧定螺钉与球坑的接触点偏向"插座"一侧（如图3-14b中的红色斜向箭头），从而将"插头"与"插座"的接合面锁紧，接合面紧紧贴合（如图3-14b中的两组黑色小箭头）。由于此球头结构的接触角不具备自锁效应，Graflex接口另外安排了榫头锁紧部件：首先在球头螺钉锁紧时将"插头"的圆柱压向定位销使其贴紧（图3-14d），然后再拧动定位螺钉使其在"插头"圆柱外圆上产生一个摩擦力矩（图3-14e中的红色弧形箭头），帮助两者连接牢固。若在其他会产生间歇性冲击的切削场合（如铣削），则建议将定位螺钉拧到底，这样可以防止定位销在冲击作用下松开。

■ MBM 接口

MBM接口（图3-15）也是一种紧定

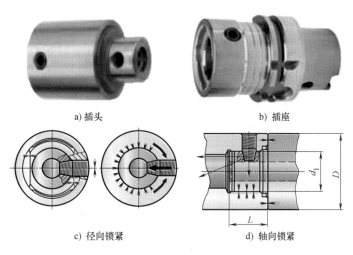

a) 插头

b) 插座

c) 径向锁紧

d) 轴向锁紧

图3-15　MBM接口及其原理（图片来源：瑞士工具系统）

螺钉的系统，但它用近端面的带削平圆柱凸台—沉孔的配合代替了CK接口的加强栓（削平面的接触见左下两对红色箭头）。它的带削平圆柱凸台—沉孔连接副与2.2.2"换头式多刃铰刀"中肯纳金属径向锁紧的KST系统和高迈特的Reamax TS颇为相似，都是增加了精度、刚性颇为不错的平行压力面。无疑，这种压力面较之加强栓的圆周定位更准。

■ α-URMA 接口

α-URMA 接口（图 3-16）是一种带螺纹锁紧的圆柱柄接口。接口"插头"部分的圆柱前端带有螺纹，拧动"插座"外的扳手平面，即可将"插头"与"插座"连接在一起并消除两者之间的间隙。

这里，有些镗刀系统的使用者可能会有一个问题。有些镗刀在使用中需要刀尖有确定的周向位置，而这种"插头"前端的螺纹要控制旋合后的周向位置的准确有些困难。α-URMA 接口实际上考虑了这样的问题，他们实际上将"插头"的圆柱和螺柱做成两个零件，这样就可以调节"插头"—"插座"连接副螺纹旋合后的准确的周向位置。

图 3-17 所示为 α-URMA 接口的顶丝及其调整。使用时先用小的内六角扳手（图中天蓝色）逐渐将顶丝调节到位，然后再

用大的内六角扳手将带顶丝的双头螺柱拧牢在"插头"上（这一端为细牙螺纹）。

■ ABS 接口

图 3-18 所示为 ABS 接口外形，图 3-19 所示为 ABS 接口原理示意图。结合图 3-20 所示的 ABS 接口内部主要功能部件，我们来看看它的锁紧原理。将"插头"插入"插座"时，褐色的施力螺钉③和蓝色的受力螺钉①在"插座"里，而绿色的浮动销②在"插头"里，三个部件距端面的距离并不相同。由于这个距离差，在锁紧时，施力

图 3-16　α-URMA 接口（图片来源：钨马刀具）

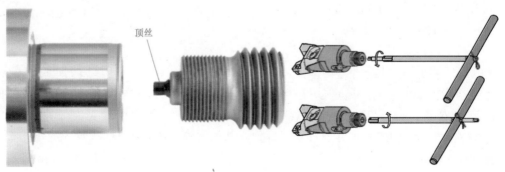

顶丝

图 3-17　α-URMA 接口的顶丝及其调整（图片来源：钨马刀具）

螺钉③的锥头与浮动销②的锥孔的接触是偏置的，进而产生一个使两者轴线趋于一致的力，带动"插头""插座"的接合面紧紧相贴形成刚性接触。同样，浮动销②的锥头与

受力螺钉①的锥孔的接触也是偏置的，从而形成一个与施力螺钉③-浮动销②连接副方向相同的轴向力，让接合面的贴合更趋紧密。定位销也有与 CK 接口的加强栓及 Varilock 接口接合面上的键类似的作用。

■ **MHD 接口**

图 3-21 所示为 MHD 接口系统刀具，图 3-22 所示为其锁紧原理。MHD 接口的锁紧构件是装在"插头"内的一对螺栓-螺母副。当"插头"未插入"插座"时，连接副可隐藏于"插头"内，随"插头"进入"插座"的圆柱孔内。在锁紧时，螺栓-螺母副两端的长度被加长，顶在"插座"的内孔锥口上，将两者的锥形接合面锁紧。螺钉-螺母副的圆柱外圆及圆锥形端部都会受力，以使连接牢固。

图 3-18 ABS 接口外形
（图片来源：高迈特）

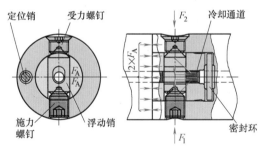

图 3-19 ABS 接口原理示意图
（图片来源：高迈特）

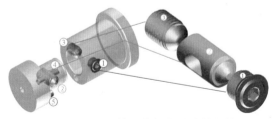

图 3-20 ABS 接口内部主要功能部件
（图片来源：高迈特）

图 3-21 MHD 接口系统刀具
（图片来源：丹德瑞）

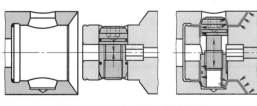

图 3-22 MHD 接口锁紧原理
（图片来源：丹德瑞）

3 扩孔刀

■ ER 接口

ER 接口（图 ）可将扩孔刀旋合在 ER 弹簧套刀柄上。由于 ER 弹簧套刀柄是一种比较通用的刀柄，许多刀柄厂商都在生产，可选范围广泛，但其缺点是较难实现周向精确定位。

ER 接口使用时先将原来的弹簧套以及弹簧套刀柄的锁紧螺母卸掉，然后装上需要使用的扩孔刀（本身带有与 ER 弹簧套外形上相同的圆锥及螺母）并锁紧螺母。

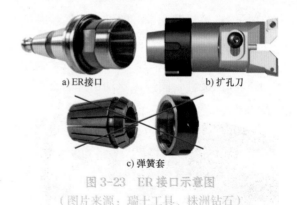

a) ER接口   b) 扩孔刀

c) 弹簧套

图 3-23   ER 接口示意图

（图片来源：瑞士工具、株洲钻石）

■ NCT 接口

同之前介绍的各种圆柱定位系统不同，NCT 接口是一种圆锥面、端面两面定位的模块化刀具系统。图 3-24 所示为其锁紧原理，这种"插头"上的短锥壁厚较大，称为"实心短锥"。系统在锁紧前，圆锥副的小端首先得到接触，而大端和端面之间都有间隙 δ。在锁紧时，通过紧定螺钉的旋合，"插头"（蓝色）逐渐被拉入"插座"（绿色），接合面之间的间隙逐渐减小，圆锥副中受力的小端产生弹性变形，大端间的间隙也逐渐减小。锁紧后实现圆锥副整体（或自小端起的大部分）贴合和端面间紧密结合，实现精准的定心及刚性连接。

这一连接方式与传统的圆锥连接方式的差别有两个：一个是增加了端面刚性接触（这在定位原理上属于"过定位"，其实现的前提是圆锥副的制造精度足够高）；另一个是首先接触的是小端（传统圆锥定位首先接

■ NCT接口

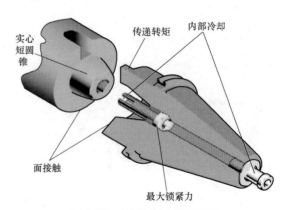

实心短圆锥   传递转矩   内部冷却

面接触

最大锁紧力

图 3-24   NCT 接口锁紧原理

（图片来源：瓦尔特刀具）

触大端，仅圆锥接触时大端接触刚性较好）。由于增加了端面接触，小端 - 端面的支承距较大端 - 端面更长，定位会更加可靠。

图 3-25 所示为 NCT 的轴向锁紧部件图。紧定螺钉（黄色）由图上左侧装入刀柄主体（绿色），由紫色的轴向封环将其轴向位置限定，再由橙色的锁紧螺钉锁住轴

向封环，使其无法动弹。

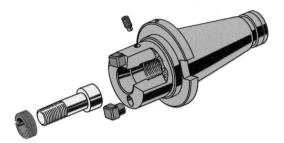

图 3-25　NCT 的轴向锁紧部件图
（图片来源：瓦尔特刀具）

图 3-26 所示为另一种实心短锥的模块接口，其锁紧原理与 NCT 并无二致，只是 NCT 的端面键装于"插座"（绿色），而这

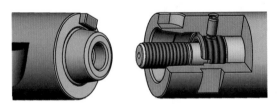

图 3-26　另一种实心短锥的模块接口
（图片来源：松德数控）

种系统则装于"插头"（蓝色）。

图 3-27 所示为实心短锥系统轴向锁紧接触示意图。请注意，为了便于理解，间隙已被夸大画出，而实际的间隙非常小。

图 3-28 所示为实心短锥系统径向锁紧接触示意图。在这一系统中，轴向锁紧系统的轴向封环成了锁紧套（紫色），锁紧时以类似 CK 接口的方式由紧定螺钉（橙色）向右拉动锁紧套（紫色），由锁紧套带动轴向螺钉（黄色），再带动"插头"（蓝色）伸入"插座"（绿色），此后的锁紧与轴向锁紧几乎没有差别。

■ KM 接口

KM 接口是一种带钢球锁紧的空心短锥柄（GB/T 33524.1—2017/ISO 26622-1: 2008 和 GB/T 33524.2—2017/ISO 26622-2: 2008），图 3-29 所示为 KM 接口的"插头"（绿色）和"插座"（紫色）。图 3-30 所示为其锁紧部件局部剖视图。

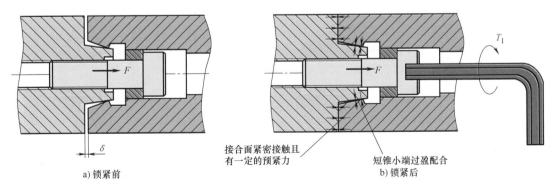

a) 锁紧前　　　　　接合面紧密接触且有一定的预紧力　　短锥小端过盈配合　　b) 锁紧后

图 3-27　实心短锥系统轴向锁紧接触示意图（图片来源：松德数控）

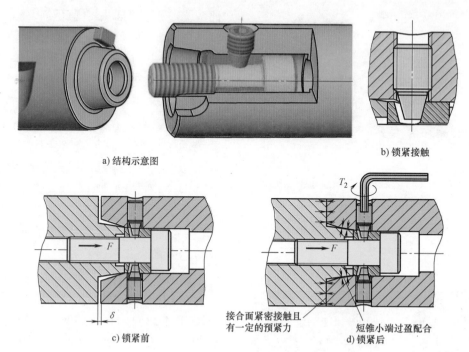

a) 结构示意图

b) 锁紧接触

c) 锁紧前

接合面紧密接触且
有一定的预紧力

短锥小端过盈配合

d) 锁紧后

图 3-28　实心短锥系统径向锁紧接触示意图（图片来源：松德数控）

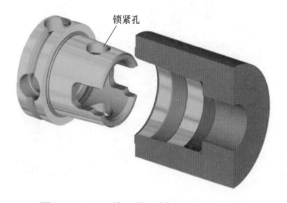

锁紧孔

图 3-29　KM 接口的"插头"和"插座"
（图片来源：肯纳金属）

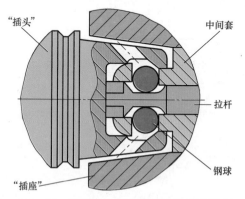

"插头"

中间套

拉杆

钢球

"插座"

图 3-30　KM 接口的锁紧部件局部剖视图
（图片来源：肯纳金属）

图 3-31 所示为 KM 接口的锁紧过程示意图。图 3-31a 所示为插入时的状态，此时两个钢球完全在中间套内，以确保顺利地插入"插头"的内孔之中。为确保这一状态，应该将拉杆推到最左面，以使钢球可以落到拉杆的底部。图 3-31b 所示为中间的拉杆往右拉至锁紧开始时，钢球在拉杆中凹坑底部开始升起，首先与中间套的右斜面接触，在斜面的法向产生的反力（深蓝色箭头）可分解为径向和轴向的力（天蓝色箭头），但中间套受"插座"（紫色）的约束，有大的位移，其向右向外紧靠"插座"，中间套直径较大的部分与"插座"内孔构成刚性连接。但这时，"插头"与"插座"接合面间隙尚未消除。图 3-31c 所示为锁紧状态。此时拉杆继续右拉，钢球径向位置进一步向外，钢球的一侧脱离与中间套的接触而转到与"插头"上的锁紧孔内，对"插头"产生一个法向力（棕色箭头），"插头"在其轴向力的作用下被拉进"插座"内部，"插头"和"插座"接合面紧密接触，接合面之间的间隙得以消除（三对红色箭头），锥柄的大端也得到接触（左侧一对红色箭头）；同时，在其径向力的作用下，"插头"圆锥的小端被迫向外扩张，从而形成圆锥小端的刚性接触（中间部分的一对红色箭头）。这样，就实现了 KM 接口的所谓三面锁紧（大端、端面、小端），锁紧的刚性和精度都很高。但这个系统的内部零件较多，若装配不良容易卡死，用户不宜自行拆装锁紧部件。

■ **CAPTO 接口**

CAPTO 接口是一种多棱短锥接口（GB/T 32557.1—2016/ISO 26623-1: 2008 和 GB/T 32557.2—2016/ISO 26623-2: 2008），如图 3-32 所示。它的截面是一个弧边三角形，带有与 KM 接口类似的锥度。由于其形状并非圆柱，在承受类似扩孔的切削力矩时，"插头"和"插座"同为多棱圆锥的接合面上就产生形状约束，打滑现象就几乎没有发生的机会（图 3-33）。

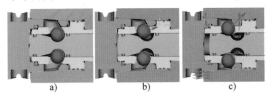

图 3-31 KM 接口的锁紧过程示意图
（图片来源：肯纳金属）

图 3-32 CAPTO 接口及其截面
（图片来源：山特维克可乐满）

图 3-33 CAPTO 受扭矩示意图
（图片来源：山特维克可乐满）

CAPTO 接口与 KM 接口类似，可用于车削、铣削、钻削、扩孔、镗削等各种加工场合，但在加工中心上较多使用的方式，是轴向锁紧（图 3-34）和径向锁紧（图 3-35）两类方式，锁紧原理与 NCT 接口的轴向和径向锁紧原理类似。

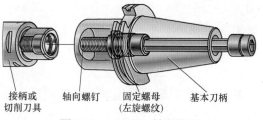

接柄或切削刀具   轴向螺钉   固定螺母（左旋螺纹）   基本刀柄

图 3-34   CAPTO 轴向锁紧
（图片来源：山特维克可乐满）

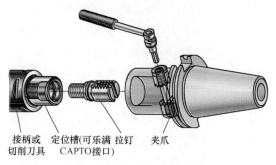

接柄或切削刀具   定位槽（可乐满 CAPTO 接口）   拉钉   夹爪

图 3-35   CAPTO 径向锁紧
（图片来源：山特维克可乐满）

3.2 扩孔刀的结构

3.2.1 刀条扩孔刀

图 3-36 和图 3-37 所示分别为斜装刀条扩孔刀和平装刀条扩孔刀。它们实际上并无专门的调节机构，只是在刀体上开一个与刀条外形相适应的孔，将扩孔刀用刀条（图 3-38）插入该孔，直接通过插拔来调节刀条的伸出长度，从而改变所加工孔的直径，刀条一般用螺钉锁紧。斜装刀条扩孔刀的优点是可以加工不通孔（能加工到孔底）。缺点是：插拔的长度变化与直径变化有比例关系；刀体直径和扩孔直径相同时，刀条的悬伸较长，刚性不足。平装刀条扩孔刀的扩孔直径可以直接按游标卡尺的读数和扩孔刀的直径来得到，刀条悬伸也较短，只是它一般不能加工到不通孔的孔底。

图 3-36   斜装刀条扩孔刀（图片来源：台湾立奇）

图 3-37   平装刀条扩孔刀（图片来源：台湾立奇）

图 3-38　扩孔刀用刀条（图片来源：成都千木）

▶ 3.2.2　刀夹扩孔刀

刀夹扩孔刀（图 3-39）是指以可转位 A 型刀夹（现行标准 GB/T 14661—2007）或类似的刀夹，装上可转位刀片后由螺钉固定在镗刀杆或其他刀体上的扩孔刀。

图 3-39a 中，紫色底色的是固定刀夹，用来制造一些尺寸要求比较低的扩孔刀，这样的扩孔刀具一般用于加工孔径的极限偏差为 ±0.10mm 范围内的孔；黄色底色、绿色底色、天蓝底色、橙色底色的，都至少在一个方向上带有调整螺钉（使用中只允许尺寸由小调至大），用来制造一些精度中等（孔径公差 0.05～0.1mm），就对刀片的锁紧方式而言，黄色底色的和橙色底色的是螺钉锁紧结构，天蓝底色的是曲杆式结构，绿色底色的是压板式结构（这些结构的分析详见《数控车刀选用全图解》第 3 章的相关介绍）。图 3-39b 所示为双向无间隙可调的刀夹，这种刀夹的调节精度可达 0.01mm，一般用于加工孔径公差在 0.03mm 以下的孔。

图 3-40 所示为三种刀夹的调整方向示意图。本书中将刀夹宽度方向的可调性称为径向可调性，图上用红线来表示，而刀夹长度方向的可调性称为轴向可调性，在图上用蓝线表示。但实质上，将刀夹旋转 90°，将刀夹长度方向用作径向调整也可以，不过需将右手刀夹换成左手刀夹。

用户使用这类标准化的刀夹构筑自己的专用扩孔刀，这通常能有很好的经济性。

图 3-41 所示为刀夹安装尺寸示例（该尺寸刀夹的螺孔倾斜角为 20°），灰色的是刀夹，而天蓝色的是刀体上的刀夹座。这两个零件各有两组线性尺寸与刀具安装有关。e 和 E 为一组，t 和 T 为一组，两组尺寸相对应。只要这些符合要求，就能做出合乎使用要求的扩孔刀（不过要注意，刀体上刀夹座绿色箭头

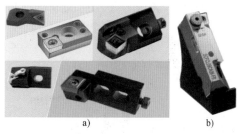

a)　　　　　　　　　b)

图 3-39　刀夹扩孔刀（图片来源：方寸工具）

图 3-40　刀夹调整方向示意图
（图片来源：瓦尔特刀具）

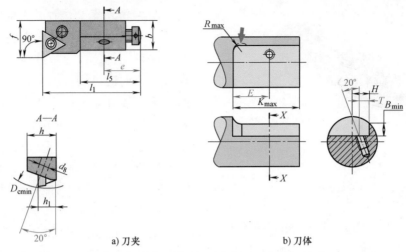

a) 刀夹　　　　　　　　　　b) 刀体

图 3-41　刀夹安装尺寸示例（图片来源：瓦尔特刀具及 Rigibore）

处勿与刀夹干涉，必要时用大于 90° 的圆弧代替）。较大的刀夹螺孔的 20° 倾斜将改为 45°。

图 3-42 所示为用刀夹制造的非标准扩

刀夹轴向安装　　　刀夹径向安装

图 3-42　用刀夹制造的非标准扩孔刀示例
（图片来源：方寸工具）

孔刀示例，包括了刀夹轴向安装和径向安装两种形式。

3.2.3　刀座扩孔刀

大部分刀具生产商提供的标准的通用型扩孔刀不是用刀夹制造的，这是因为刀夹可调节的尺寸范围相当有限，而标准的通用型扩孔刀的可调节范围都比用刀夹制造的扩孔刀大得多。

标准的通用型扩孔刀的刀座可以在刀体上较大范围地移动，然后锁紧，之后有些还可以加以微调。

使用刀座的扩孔刀，刀座与刀体之间的连接可分为滑座式和齿条滑座式两种（扩孔刀大都有滑座，不带齿的称滑座式，带齿的称齿条滑座式）。

■ **滑座式**

◆ **矩形滑座式**

图 3-43 所示为矩形滑座式扩孔刀。这类扩孔刀的刀座底下带有矩形的导向块,导向块嵌在刀体的凹槽内。借助导向块,刀座可以在刀体上沿直径方向移动。在刀座和刀体侧面还有刻度,可读出大致的刀座移动值。移动初步完成之后用刀座上的大螺钉(刀座紧定螺钉)将刀座与刀体锁住,进而可以用微调螺钉来微调刀尖的尺寸。微调螺钉在图中红色箭头所指的螺孔中,螺钉头顶在刀座紧定螺钉的光杆部分。拧动微调螺钉,刀座能少量地向外移动。

◆ **斜肩矩形滑座式**

图 3-44 所示为斜肩矩形滑座式扩孔刀。这种结构在总体上与矩形滑座式差别不大,它主要是在刀座与刀体的接合部分设置有一定斜度的斜肩,这个斜肩可以帮助刀座在锁紧的过程中向刀杆中心靠紧,使矩形导向块原本可能存在的侧向间隙更好地得到消除(或者使导向块的配合公差可以比矩形滑座式略大,从而降低制造难度)。

◆ **燕尾槽滑座式**

图 3-45 所示为燕尾槽滑座式扩孔刀。图 3-45a 所示的形式是将刀座的侧边直接设计加工成半燕尾槽形式,两个刀座就形成完整的燕尾槽;图 3-45b 所示的形式在总体上属于之后要讨论的桥式结构,其基体与刀桥、中间座之间都采用了矩形滑座结构,而刀桥与

中间座之间则采用了燕尾连接。但由于刀桥与刀体、中间座的连接都相对固定(调节尺寸时不调节这 2 组连接),实际调节的是燕尾连接副,因此将这一形式归为燕尾槽滑座式。这种燕尾的连接方式在机床的导轨上见得较多,其连接刚性还是相当可靠的。

图 3-43　矩形滑座式扩孔刀

图 3-44　斜肩矩形滑座式扩孔刀
(图片来源:正河源)

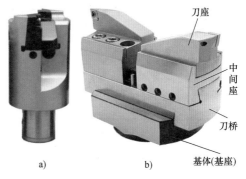

刀座

中间座

刀桥

基体(基座)

a)　　　　b)

图 3-45　燕尾槽滑座式扩孔刀

◆ 梯形滑座式

图 3-46 所示为梯形滑座式扩孔刀，其平面、垂直面和倾斜面三个面的接触（三面锁紧）使其连接刚性很强。梯形块之上也是微调螺钉。

■ **齿条滑座式**

除了滑座式，刀座扩孔刀的另一个主要形式是齿条滑座式。

◆ 侧齿条滑座式

• 侧面单齿

所谓侧面单齿，就是扩孔刀的刀座上的侧面仅安排了一个齿条，如图 3-47 所示。这种单齿条一般齿条的尺寸较大，有点类似于机床上常见的三角导轨。图示结构的三角肋条设置于刀体，轨道槽设置于刀座。

侧面单齿齿条滑座式扩孔刀（图 3-47）的刀座紧固方式也比较特别，仅使用一个大尺寸螺钉将两个刀座以及刀体两侧紧紧抱在一起，其特点是结构比较紧凑，适合制作较小直径的双刃扩孔刀，但锁紧力相对比较小，锁紧后的精调结构也比较困难。

• 侧面多齿

侧面多齿是将单齿的较大尺寸齿形减小，换成多齿的结构。

多齿结构在静态分析时由于精度限制，只有一个齿条接触，接触刚性较弱；但随着受力增加，齿条受力产生弹性变形，进而会有更多的齿条参与受力，接触面积加大，受力分散，仍可能不超出弹性变形的范围。

图 3-48 所示为侧面多齿的齿条滑座式扩孔刀。该结构的刀座尾部为集粗调与半

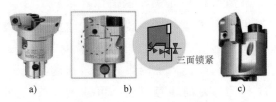

a)   b)   c)

图 3-46　梯形滑座式扩孔刀（图片来源：大昭和）

图 3-47　侧面单齿齿条滑座式扩孔刀

（图片来源：山高刀具）

图 3-48　侧面多齿的齿条滑座式扩孔刀

（图片来源：成林刀具）

精调于一体的双向可调机构。较小直径时它与侧面单齿的齿条滑座式扩孔刀一样，使用刀座紧定螺钉锁紧刀座，稍大的直径用两个刀座紧定螺钉从两侧加以锁紧（图示为稍大规格的双刀座锁紧螺钉）。使用时，先预紧刀座紧定螺钉，然后调整刀座尾部的刀座位置调节装置直到刀头达到预定位置，然后调另一个刀座位置。两个刀座调好位置后，锁紧全部刀座紧定螺钉，就完成了该扩孔刀的调节工作。

◆ 底齿条式

图 3-49 所示为底部矩形齿的齿条滑座式扩孔刀。矩形齿的受力是各种齿形中较好的，它也可以看作是类似于侧面单齿变多齿那样，将矩形滑座变成小尺寸、多齿。它也是受力一开始只是单齿接触，随着受力接触齿数逐渐增加。

图 3-50 所示为底部三角齿的齿条滑座式扩孔刀。两个刀座在两根螺杆的驱动下沿底部三角齿纹滑动调整尺寸，由顶部的压板和螺钉将两个刀座及压板连接在一起。

这种结构相对简单，大部分刀具厂已很少使用。

新型底部三角齿的齿条滑座式扩孔刀如图 3-51 所示。这种结构除将矩形齿换成三角形齿之外，其他与图 3-49 所示的底部矩形齿的齿条滑座式扩孔刀基本相同。

图 3-49　底部矩形齿的齿条滑座式扩孔刀
（图片来源：瓦尔特刀具）

图 3-50　底部三角齿的齿条滑座式扩孔刀
（图片来源：高迈特刀具）

图 3-51　新型底部三角齿的齿条滑座式扩孔刀
（图片来源：沃好特刀具）

◆ 倾斜齿条式

• **A 字形斜齿条**

倾斜齿条式的扩孔刀的基本形式是两个刀座的齿条呈 A 字形。

图 3-52 是 A 字形斜齿条扩孔刀的主要构件（缺刀座紧定螺钉和调节螺钉），图 3-53 所示为其受力示意图。

在 A 字形斜齿条扩孔刀的结构中，刀体好似马鞍，而两个刀座好似骑马者的两条腿，跨骑在马鞍的两侧。这种结构的刀座与刀体在马鞍的顶部形成一个预应力，有助于消除两者之间的间隙，而侧面倾斜的齿条比平面接触有更大的接触面积，有利于提高切削的安全性。

A 字形斜齿条扩孔刀的双刀座各自调整（称为异步调整结构）的轴测分解图如图 3-54 所示。除了天蓝色的刀体与橙色的刀座外，主要是红紫色的刀座紧定螺钉及其垫圈、黄色的精调螺钉及绿色的调节基准销。粉红和淡绿底色的是两种刀片锁紧方式的部件，可参见《数控车刀选用全图解》一书的相关介绍。

异步调整方式是在紫色的刀座紧定螺钉组松开时调整橙色的刀座的基本位置，然后锁紧刀座紧定螺钉组，再用黄色的精调螺钉进行精确调整（精调螺钉的一端顶在绿色的调节基准销上）。

另外，这种结构的刀座还有一种同步调整结构。

图 3-52 A 字形斜齿条扩孔刀的主要构件
（图片来源：肯纳金属）

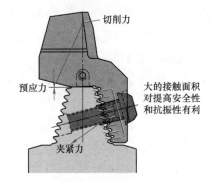

图 3-53 A 字形斜齿条扩孔刀主要构件受力示意图
（图片来源：瑞士工具）

同步调整的 A 字形扩孔刀如图 3-55 所示。这一结构取消了调节基准销和两个独立的精调螺钉，取而代之的是一个同步螺钉（图中大红色）。转动大红色的同步螺钉时，图中蓝色和绿色的两个刀座将一左一

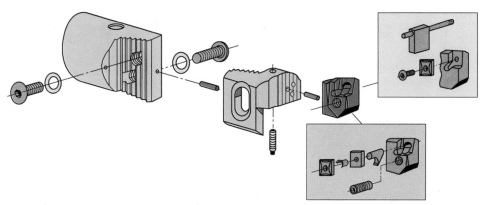

图 3-54　异步调整的 A 字形斜齿条扩孔刀轴测分解图（图片来源：肯纳金属）

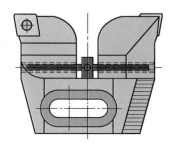

图 3-55　同步调整的 A 字形斜齿条扩孔刀

右同步向外扩大尺寸或向内缩小尺寸，这样就能将两侧的尺寸一次同步调整完成。

但这种结构的缺点是粗调也必须是用

这个同步螺钉慢慢调，而其他结构却几乎可以在松开刀座紧定螺钉的情况下快速地手动移动刀座，能很快达到预定位置附近。因此，同步调整一般适用于调整范围不大的加工场合，异步调整则几乎在各种调整场合均能顺利完成相应的加工任务。

图 3-56 所示为同步调整的 A 字形扩孔刀部件。同步螺钉的两端螺纹旋向一端为右旋而另一端为左旋；两个适应左旋或右旋螺纹的刀座有各自标记（适用异步调节的刀座另有标记，如黑色的外观或三个点），注意不要用错。

同步调整的 A 字形扩孔刀装配步骤如图 3-57 所示。

• V 字形斜齿条

图 3-58 所示为 V 字形斜齿条扩孔刀。该扩孔刀的主要构件是刀体、两个刀座、4 个刀座紧定螺钉、两个刀片、两

将中间环推向同步螺钉的中心。
同步螺钉的两端螺纹旋向一端
为右旋而另一端为左旋。

拧紧中间环的同步螺钉。

刀柄带有点状标记：一个点表示
适用于右旋螺纹，两个点表示
适用于左旋螺纹。

图 3-56　同步调整的 A 字形斜齿条扩孔刀部件（图片来源：肯纳金属）

将中间环和同步螺钉一同插入中间的镗孔中。将
刀柄对准左旋螺纹(两个点)，然后将其移向同步
螺钉。内六角形必须与刀柄相对。

将第二个刀柄移向螺钉，将其装上。然后使用扳
手转动螺钉，直到至少有一个刀柄接触到中间环。

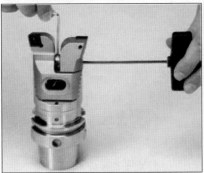
松开此前拧紧的中间环螺钉。然后转动同步
螺钉，直到两个刀夹都接触到中间环。

刀柄已位于中间位置。拧紧3个中间环螺钉。
装上夹持螺钉，然后将其稍微拧紧，即可进
行同步加工。

图 3-57　同步调整的 A 字形斜齿条扩孔刀装配步骤（图片来源：肯纳金属）

个精调螺钉。除刀体上 V 字形安排了 2 组斜齿条供刀座在上面移动外,其余结构与图 3-49 所示的底部矩形齿的齿条滑座式扩孔刀类似。但正是由于这种斜齿条,使得刀座在承受切削力并传递给刀座时,合理地将切削抗力按设计方向传递至扩孔刀体,减少切削抗力影响模块间的定位,从而提高了扩孔刀在切削过程中的稳定性。

A 字形斜齿条和 V 字形斜齿条都是斜向安排齿条的结构,虽然方向不同,却都能起到稳定扩孔刀具的作用。

■ 3 齿扩孔刀

图 3-59 所示为 3 齿扩孔刀。它采用的也是矩形滑座结构,扩孔刀的刀座下设了调节基准轴。粗调时松开刀座紧定螺钉即可,精调时拧动刀片下方的精调螺钉,而精调螺钉则顶在调节基准轴上,这与之前所述的扩孔刀没有太大差别。中心处还有测量基准轴,便于用游标卡尺等测量刃口位置。

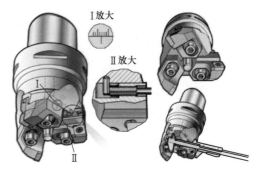

图 3-59　3 齿扩孔刀
（图片来源：由特维克可乐满）

▶ 3.2.4　桥式扩孔刀

图 3-60 所示为一种用于较大直径孔粗加工的桥式扩孔刀。它由褐色的基体、蓝色的连接桥、绿色的滑座、紫色的刀座和黄色的刀片以及多组紧定螺钉、冷却配件等组成。蓝色的刀桥有多种不同的长度,

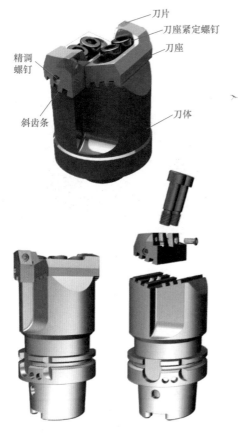

图 3-58　V 字形斜齿条扩孔刀
（图片来源：方寸工具）

以适应不同的加工直径。当然，刀桥越长，所加工的孔的直径就越大，刀的质量一般也会随着刀桥的加长而增大。

使用桥式扩孔刀时，蓝色的刀桥用刀桥紧定螺钉锁在褐色的基体上。绿色的滑座可根据需要移动到连接桥的合适位置：它的外缘应小于但比较接近待扩孔的直径，且两个刀座的径向位置应尽可能一致。这是第一级粗调位置。

第二级粗调位置是紫色的刀座在绿色的滑座上的调整，这一调整的动作与刀座式扩孔刀基本一致。随后精调时拧动刀片下方的精调螺钉，让它顶在刀座紧定螺钉上驱动刀座向直径较大方向略微移动，这也与刀座式扩孔刀基本一致。

图3-61所示为3齿桥式扩孔刀。它与图3-59所示的3齿扩孔刀功能相似，能提高扩孔的加工效率，只是采取了与桥式扩孔刀类似的结构，通过桥体增大了扩孔刀的加工直径。

图3-60 用于较大直径孔粗加工的桥式扩孔刀
（图片来源：方寸工具）

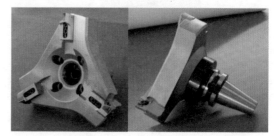

图3-61 3齿桥式扩孔刀
（图片来源：松德数控）

3.3 扩孔刀的使用

3.3.1 多刃扩孔和阶梯扩孔

大多数扩孔钻具有2个刀齿，这2个刀齿的不同设置，带来2种不同的扩孔方法。

■ **多刃扩孔**

第一种方法是常规的方法，称为"多刃扩孔"或"多刃粗镗"，即该扩孔刀具的所有切削刃被调整至相同的直径，如图

3-62 所示。

多刃扩孔时的可用扩孔余量由刀片的可用切削深度决定，通常为刀片名义边长的 50%～60%，如 CCMT09T3 的刀片，名义边长为 9mm，可用切削深度为 5mm 左右（4.5～5.4mm，直径上 10mm）；进给量由每齿进给量与齿数的乘积决定，如每齿进给量为 0.1mm/z，则 2 刃扩孔刀（图 3-62a）进给量则为 0.2mm/r，3 刃扩孔刀（图 3-62b）进给量则为 0.3mm/r。

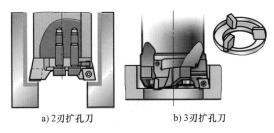

a）2 刃扩孔刀   b）3 刃扩孔刀

图 3-62 多刃扩孔（图片来源：瓦尔特刀具和山特维克可乐满）

■ **阶梯扩孔**

第二种方法是"阶梯扩孔"或称"阶梯粗镗"，即扩孔刀具的各个切削刃被调至不同的直径，如图 3-63 所示。

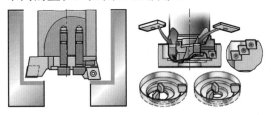

图 3-63 阶梯扩孔（图片来源：瓦尔特刀具和山特维克可乐满）

阶梯扩孔适用于扩孔余量超过刀片的可用切削深度的场合，每个刀片均可单独承受自身的切削深度，这样整个扩孔刀的可用余量就大大增加：仍假设使用 CCMT09T3 的刀片，名义边长为 9mm，每个刀片的切削深度为 5mm 左右，2 刃扩孔刀（图 3-62a）可用扩孔量增大到单边 10mm（直径上 20mm），3 刃扩孔刀（图 3-62b）可用扩孔量增大到单边 15mm（直径上 30mm）；但此时的进给量需按一个齿的刀具来计算，即如每齿进给量为 0.1mm 的，现每齿进给量依然为 0.1mm。

同时，作为阶梯扩孔，2 个刀片的轴向位置也最好有所差别：较内侧的（即直径较小的，图 3-62a 中的绿色刀座）刀片在轴向应高于较外侧的（即直径较大的，图 3-62a 中的蓝色刀座）刀片，即在轴向进给时较内侧的刀片应先于较外侧的刀片进入切削。这样能确保较外侧的刀片的负荷不会超出给定的极限值。对于滑块式刀座，可以在滑座与刀体之间加入垫片；对于齿条式，多半是需要供应商提供加高的刀座，如果没有，则建议用户不使用这一方法。

▶ 3.3.2 扩孔刀具的扩展使用

■ **背向扩孔**

背向扩孔是利用扩孔刀的主体结构，更换某些部件，用于加工与常规扩孔方向相背的台阶孔。同时，背镗也可用于优化带反向台阶孔的孔系同轴度,因为只要机床的重复定位精度足够,整个孔系加工中的刀具中心线与工件的相对位置没有什么变化。但背向扩孔需要至少减少一个刀座。

这些刀具大多已与原扩孔刀具有些差别,如图 3-64 所示的背向扩孔刀具,只需把原来的正向刀座换成特殊的背向刀座即成为背向扩孔刀。

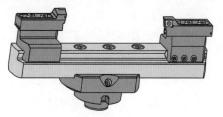

图 3-65　套车刀具(图片素材来源:瓦尔特刀具)

■ **切端面环槽**

同样,如果将扩孔的刀座替换为端面切槽的刀座,那么可以形成端面切槽刀具,如图 3-66 所示。

图 3-64　背向扩孔刀(图片来源:松德数控)

■ **套车**

套车是利用扩孔刀在加工中心上加工一段外圆的加工方法,其常见的是在桥式扩孔刀的基础上交换两侧刀座,以形成套车刀具(图 3-65)。当然,这样的车外圆长度比较有限,仅限于较短的圆柱。

图 3-66　端面切槽刀具
(图片来源:沃好特)

3.4　扩孔刀选择案例

本节以一个扩孔加工案例(图 3-67),介绍扩孔刀具的选择方案。

工件材料为球墨铸铁 QT400。工件上有一通孔和一个台阶孔,通孔直径为 ϕ130mm,台阶孔中较小直径为 ϕ200mm,较大直径为 ϕ250mm;整个板的厚度为

65mm 即通孔孔深 65mm，台阶孔较小直径深 35mm，较大孔深度即为厚度 65mm 减去较小孔深度的 35mm，即 30mm。三个孔的余量均为单边 5mm。

已知的还有设备条件：加工所用为某带旋转式双工作台的四轴卧式加工中心，主轴接口为 HSK100A，主轴最高转速为 8000r/min，主轴功率为 35kW，切屑到切屑的换刀时间约 10s。

现以图 3-68 所示的孔加工系列样本为例，进行扩孔刀的选用。

翻开样本，在孔加工系列样本产品目录（图 3-69），可以看到相应的扩孔刀产品（粗镗）分别在第 8 ～ 9 页（切削直径 ϕ20 ～ ϕ153mm）的普通扩孔刀和第 15 ～ 17 页（切削直径 ϕ130 ～ ϕ540mm）的桥式扩孔刀。本案例共有 3 个孔径，仅直径为 ϕ130mm 的通孔有普通扩孔刀和桥式扩孔刀可选，而台阶孔部分的 ϕ200mm 和 ϕ250mm 的扩孔刀这里只有桥式一种选择。

在 ϕ130mm 这个直径上，虽然有普通和桥式扩孔刀两种结构可选，但通常桥式结构零件较多（至少多一个镗桥及其联接件），悬伸较大，因而刚性稍差。因此，在可选桥式扩孔刀和普通扩孔刀时首选普通扩孔刀。

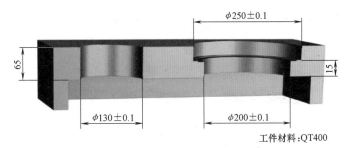

工件材料：QT400

图 3-67　扩孔加工案例（图片素材来源：方寸工具）

图 3-68　孔加工系列样本（图片来源：方寸工具）

3.4.1　普通扩孔刀的选用

下面首先选择加工 ϕ130mm 通孔的扩孔刀。

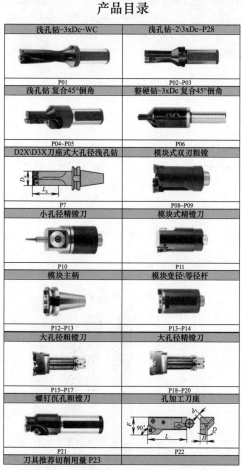

图 3-69　孔加工系列样本产品目录
（图片来源：方寸工具）

翻到样本第 8-9 页（图 3-70）普通扩孔刀的样本页：左侧的第 8 页是采用 C 型刀片的镗刀，而右侧的第 9 页则是采用 W 型刀片的镗刀。

图 3-70 所示为普通扩孔刀样本页，这 2 种刀片都是 80°刀尖角的正型刀片（关于正型刀片的概念已在《数控车刀选用全图解》一书的第 3 章有详细介绍，这里不再赘述），其主要差别是：C 型刀片每个刀片有 2 个有效切削刃，而 W 型则每个刀片有 3 个有效切削刃。

虽然 W 型比 C 型多一个切削刃，但由于刃口长度不同，两者的许用切深不同，即许用的扩孔量不同（假设均为多刃扩孔，相关概念如图 3-62 所示）：以扩直径 130mm 孔的扩孔刀为例，第 8 页的扩孔刀用的是 CC12 的刀片，若以有效刃长 12mm 计，单边扩孔余量最大为 6mm（直径上为 12mm）；而第 9 页的扩孔刀用的是 WC08 刀片，单边扩孔余量最大为 4mm（直径上为 8mm）（刀片许用最大切削深度请参见《数控车刀选用全图解》一书图 3-54）。因此，当该直径下切深较大时（单边切深余量 4～6mm），以选 CC 刀片为宜，而当余量小于 4mm 时，建议选 WC 刀片为宜。本案例此直径的给定单边余量为 5mm，选用的扩孔刀（即选用的粗镗刀）为：N8-TBA110-133.CC12（N8 代表模块法兰直径 80mm）。

但这样的扩孔刀仍无法直接装在机床主轴上，需要按图 3-69 所示，翻到第 12～13 页查找需要的刀柄。发现第 13 页（图 3-71）才是需要的 HSK 刀柄（HSK 刀柄

普通扩孔刀

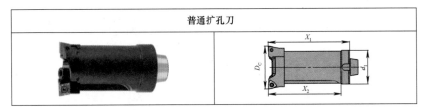

型号	D_c /mm	d_1 /mm	X_1 /mm	X_2 /mm	有效刃数	重量 /kg	刀片型号
N2-TBA020-024.CC06	20～24	25	80	65	2	0.2	CC..0602..
N2-TBA023-027.CC06	23～27	25	80	65	2	0.2	
N2-TBA026-033.CC06	26～33	25	80	—	2	0.3	
N3-TBA033-041.CC06	33～41	32	80	—	2	0.5	
N4-TBA041-055.CC09	41～55	40	80	—	2	0.8	CC..09T3..
N5-TBA055-070.CC09	55～70	50	100	—	2	1.6	
N6-TBA070-090.CC12	70～90	63	100	—	2	2.5	CC..1204..
N8-TBA090-110.CC12	90～110	80	100	—	2	4.0	
N8-TBA110-133.CC12	110～133	80	100	—	2	5.0	
N8-TBA130-153.CC12	130～153	80	100	—	2	5.0	

型号	基体	刀座	刀座螺钉	刀片螺钉	刀片扳手
N2-TBA020-024.CC06	N2G-TBA020-027	TBA20.CC06	FS1093	FCS923	TORX07-1367
N2-TBA023-027.CC06	N2G-TBA020-027	TBA23.CC06	FS1093	FCS923	
N2-TBA026-033.CC06	N2G-TBA026-035	TBA26.CC06	FS1093	FCS923	
N3-TBA033-041.CC06	N3G-TBA033-044	TBA33.CC06	FS1094	FCS923	
N4-TBA041-055.CC09	N4G-TBA041-056	TBA41.CC09	FCS1095	FCS359	TORX15-1367
N5-TBA055-070.CC09	N5G-TBA055-073	TBA55.CC09	FCS1095	FCS359	
N6-TBA070-090.CC12	N6G-TBA070-093	TBA70.CC12	FCS1096	FCS1030	TORX20-1367
N8-TBA090-110.CC12	N8G-TBA090-113	TBA90.CC12	FCS1097	FCS1030	
N8-TBA110-133.CC12	N8G-TBA110-153	TBA110.CC12	FCS1097	FCS1030	
N8-TBA130-153.CC12	N8G-TBA110-153	TBA130.CC12	FCS1097	FCS1030	

刀片型号	D/mm	α/(°)	S/mm
CC..0602..	6.35	7	2.38
CC..09T3..	9.525	7	3.97
CC..1204..	12.7	7	4.76

被加工材料类别	P	M	K	N
适用刀片型号	合金钢	不锈钢	铸铁	有色金属
CCMT060204-M	FCP20	FCM20	FCK20	—
CCMT060208-M	FCP20	FCM20	FCK20	—
CCGT060202	—	—	—	FCN20
CCGT060204	—	—	—	FCN20
CCGT060202	—	—	—	FCD20
CCMT09T304-M	FCP20	FCM20	FCK20	—
CCMT09T308-M	FCP20	FCM20	FCK20	—
CCGT09T302	—	—	—	FCN20
CCGT09T304	—	—	—	FCN20
CCGT09T304	—	—	—	FCD20
CCMT120404-M	FCP20	FCM20	FCK20	—
CCMT120408-M	FCP20	FCM20	FCK20	—
CCGT120404	—	—	—	FCN20
CCGT120408	—	—	—	FCN20
CCGT120404	—	—	—	FCD20

a) C型刀片的普通扩孔刀

图3-70 普通扩孔刀样本页（图片来源：方寸工具）

型号	D_c/mm	d_1/mm	X_1/mm	X_2/mm	有效刃数	质量/kg	刀片型号
N2-TBA020-024.WC03	20～24	25	80	65	2	0.2	WC..0302..
N2-TBA023-027.WC03	23～27	25	80	65	2	0.2	
N2-TBA026-033.WC03	26～33	25	80	—	2	0.3	
N3-TBA033-041.WC04	33～41	32	80	—	2	0.5	
N4-TBA041-055.WC06	41～55	40	80	—	2	0.8	WC..0402..
N5-TBA055-070.WC06	55～70	50	100	—	2	1.6	WC..06T3..
N6-TBA070-090.WC08	70～90	63	100	—	2	2.5	
N8-TBA090-110.WC08	90～110	80	100	—	2	4.0	WC..0804..
N8-TBA110-133.WC08	110～133	80	100	—	2	5.0	
N8-TBA130-153.WC08	130～153	80	100	—	2	5.0	

型号	基体	刀座	刀座螺钉	刀片螺钉	刀片扳手
N2-TBA020-024.WC03	N2G-TBA020-027	TBA20.WC03	FS1093	FCS1020	TORX07-1367
N2-TBA023-027.WC03	N2G-TBA020-027	TBA23.WC03	FS1093	FCS1020	
N2-TBA026-033.WC03	N2G-TBA026-035	TBA26.WC03	FS1093	FCS1020	
N3-TBA033-041.WC04	N3G-TBA033-044	TBA33.WC04	FS1094	FCS1020	
N4-TBA041-055.WC06	N4G-TBA041-056	TBA41.WC06	FCS1095	FCS359	TORX15-1367
N5-TBA055-070.WC06	N5G-TBA055-073	TBA55.WC06	FCS1095	FCS359	
N6-TBA070-090.WC08	N6G-TBA070-093	TBA70.WC08	FCS1096	FCS1030	
N8-TBA090-110.WC08	N8G-TBA090-113	TBA90.WC08	FCS1097	FCS1030	TORX20-1367
N8-TBA110-133.WC08	N8G-TBA110-153	TBA110.WC08	FCS1097	FCS1030	
N8-TBA130-153.WC08	N8G-TBA110-153	TBA130.WC08	FCS1097	FCS1030	

刀片型号	D/mm	α/(°)	S/mm
WC..0302..	5.56	7	2.38
WC..0402..	6.35	7	2.38
WC..06T3..	9.525	7	3.97
WC..0804..	12.7	7	4.76

被加工材料类别 适用刀片型号	P 合金钢	M 不锈钢	K 铸铁	N 有色金属
WCMT030202	FPK20	—	FPK20	—
WCGT030202	—	—	—	FCN20
WCMT040202	FPK20	—	FPK20	—
WCGT040202	—	—	—	FCN20
WCMT040204	FPK20	—	FPK20	—
WCGT040204	—	—	—	FCN20
WCMT06T304	FPK20	—	FPK20	—
WCGT06T304	—	—	—	FCN20
WCMT06T308	FPK20	—	FPK20	—
WCGT06T308	—	—	—	FCN20
WCMT080404	FPK20	—	FPK20	—
WCGT080404	—	—	—	FCN20
WCMT080408	FPK20	—	FPK20	—
WCGT080408	—	—	—	FCN20
WCMT080412	FPK20	—	FPK20	—
WCGT080412	—	—	—	FCN20

b) W型刀片的普通扩孔刀

图 3-70 普通扩孔刀样本页（图片来源：方寸工具）（续）

模块主柄				
规格型号	ISO	D_2 /mm	X_1 /mm	质量/kg
HSK63A N2－80	63	25	80	0.9
HSK63A N3－80	63	32	80	1.0
HSK63A N4－80	63	40	80	1.1
HSK63A N5－80	63	50	80	1.4
HSK63A N6－75	63	63	75	2.1
HSK63A N8－80	63	80	80	3.0
HSK100A N2－80	100	25	80	3.0
HSK100A N3－80	100	32	80	2.5
HSK100A N5－80	100	50	80	2.8
HSK100A N6－80	100	63	80	3.4
HSK100A N8－100	100	80	100	4.1

图 3-71　HSK 刀柄样本页（图片来源：方寸工具）

的国家标准为 GB/T 19449—2004《带有法兰接触面的空心圆锥接口》）。其中包括了 HSK63A 和 HSK100A 两种常用直径（HSK100 在红框内）。前面提到，所选的扩孔刀模块法兰直径为 80mm（代码为 N8），这里我们也需要选择法兰直径同为 80mm 的才能将刀柄与扩孔模块相连，即该选的刀柄中也包含代码 N8：HSK100A N8-100。

▶ 3.4.2　桥式扩孔刀的选用

接着开始选阶梯孔中 ϕ200mm 的扩孔刀。在桥式扩孔刀的样本第 15～17 页是

（图 3-72），左侧的第 15 页是用于符合 GB/T 10944.2 J50（相当于日本标准 BT50）主轴接口的扩孔刀，中间的第 16 页是用于符合 GB/T 10944.1 "自动换刀 7:24 圆锥工具柄"（现行标准均为 2013 版）SK50 主轴接口的扩孔刀，而右侧是第 17 页则是与给定的条件法兰面直径 100mm 的空心短锥柄 HSK100 相符的，适合粗镗 200mm 孔的是：HSK100A-XBET 150-195（刀具悬伸 195mm，可选的还有三个悬伸更长但刚性会较弱的 HSK100A-XBET 150-245、HSK100A-XBET 150-295 和 HSK100A-XBET 150-345），其中包括：

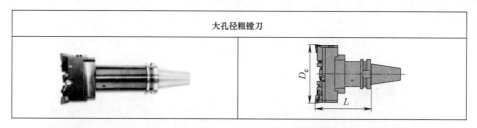

型号	D_c/mm	L/mm	刀柄型号	镗桥组件	刀座	质量/kg
BT50-XBET 150-195	150~200	195	BT50-FMG-117	XBF145-SET	CSD50×2	11.8
BT50-XBET 200-195	200~280			XBF195-SET		12.8
BT50-XBET 280-195	280~360			XBF275-SET		14.9
BT50-XBET 360-195	360~440			XBF355-SET	CSD80×2	16.6
BT50-XBET 440-195	440~520			XBF435-SET		18.6
BT50-XBET 520-195	520~600			XBF515-SET		20.3
BT50-XBET 600-212 LV	600~680	212		XBF595AL-SET		15.8
BT50-XBET 680-212 LV	680~760			XBF675AL-SET		16.7
BT50-XBET 150-245	150~200	245	BT50-FMG-167	XBF145-SET	CSD50×2	13.6
BT50-XBET 200-245	200~280			XBF195-SET		14.6
BT50-XBET 280-245	280~360			XBF275-SET		16.7
BT50-XBET 360-245	360~440			XBF355-SET	CSD80×2	18.4
BT50-XBET 440-245	440~520			XBF435-SET		20.4
BT50-XBET 520-245	520~600			XBF515-SET		22.1
BT50-XBET 600-262 LV	600~680	262		XBF595AL-SET		17.6
BT50-XBET 680-262 LV	680~760			XBF675AL-SET		18.5
BT50-XBET 150-295	150~200	295	BT50-FMG-217	XBF145-SET	CSD50×2	16.1
BT50 XBET 200 295	200~280			XBF195-SET		17.1
BT50-XBET 280-295	280~360			XBF275-SET		19.2
BT50-XBET 360-295	360~440			XBF355-SET	CSD80×2	20.9
BT50-XBET 440-295	440~520			XBF435-SET		22.9
BT50-XBET 520-295	520~600			XBF515-SET		24.6
BT50-XBET 600-312 LV	600~680	312		XBF595AL-SET		20.1
BT50-XBET 680-312 LV	680~760			XBF675AL-SET		21
BT50-XBET 150-345	150~200	345	BT50-FMG-267	XBF145-SET	CSD50×2	17.6
BT50-XBET 200-345	200~280			XBF195-SET		18.6
BT50-XBET 280-345	280~360			XBF275-SET		20.7
BT50-XBET 360-345	360~440			XBF355-SET	CSD80×2	22.4
BT50 -XBET 440-345	440~520			XBF435-SET		24.4
BT50-XBET 520-345	520~600			XBF515-SET		26.1
BT50-XBET 600-362 LV	600~680	362		XBF595AL-SET		21.6
BT50-XBET 680-362 LV	680~760			XBF675AL-SET		22.5

刀夹型号	被加工材料类别 适用刀片型号	P 合金钢	M 不锈钢	K 铸铁	N 有色金属
MCLNL16CA-12	CNMG120404-M	FCP20	FCM20	FCK20	—
	CNMG120408-M	FCP20	FCM20	FCK20	—
SCGCL16CA-12	CCMT120404-M	FCP20	FCM20	FCK20	—
	CCMT120408-M	FCP20	FCM20	FCK20	—
	CCGT120404	—	—	—	FCN20
	CCGT120408	—	—	—	FCN20
	CCGT120404	—	—	—	FCD20

a)

图 3-72 桥式扩孔刀的

大孔径粗镗刀

型号	D_c /mm	L /mm	刀柄型号	镗桥组件	刀座	质量/kg
SK50-XBET 150-195	150～200			XBF145-SET	CSD50×2	11.8
SK50-XBET 200-195	200～280			XBF195-SET		12.8
SK50-XBET 280-195	280～360	195	SK50-FMG-117	XBF275-SET		14.9
SK50-XBET 360-195	360～440			XBF355-SET		16.6
SK50-XBET 440-195	440～520			XBF435-SET	CSD80×2	18.6
SK50-XBET 520-195	520～600			XBF515-SET		20.3
SK50-XBET 600-212 LV	600～680	212		XBF595AL-SET		15.8
SK50-XBET 680-212 LV	680～760			XBF675AL-SET		16.7
SK50-XBET 150-245	150～200			XBF145-SET	CSD50×2	13.6
SK50-XBET 200-245	200～280			XBF195-SET		14.6
SK50-XBET 280-245	280～360	245	SK50-FMG-167	XBF275-SET		16.7
SK50-XBET 360-245	360～440			XBF355-SET		18.4
SK50-XBET 440-245	440～520			XBF435-SET	CSD80×2	20.4
SK50-XBET 520-245	520～600			XBF515-SET		22.1
SK50-XBET 600-262 LV	600～680	262		XBF595AL-SET		17.6
SK50-XBET 680-262 LV	680～760			XBF675AL-SET		18.5
SK50-XBET 150-295	150～200			XBF145-SET	CSD50×2	16.1
SK50-XBET 200-295	200～280			XBF195-SET		17.1
SK50-XBET 280-295	280～360	295	SK50-FMG-217	XBF275-SET		19.2
SK50-XBET 360-295	360～440			XBF355-SET		20.9
SK50-XBET 440-295	440～520			XBF435-SET	CSD80×2	22.9
SK50-XBET 520-295	520～600			XBF515-SET		24.6
SK50-XBET 600-312 LV	600～680	312		XBF595AL-SET		20.1
SK50-XBET 680-312 LV	680～760			XBF675AL-SET		21
SK50-XBET 150-345	150～200			XBF145-SET	CSD50×2	17.6
SK50-XBET 200-345	200～280			XBF195-SET		18.6
SK50-XBET 280-345	280～360	345	SK50-FMG-267	XBF275-SET		20.7
SK50-XBET 360-345	360～440			XBF355-SET		22.4
SK50-XBET 440-345	440～520			XBF435-SET	CSD80×2	24.4
SK50-XBET 520-345	520～600			XBF515-SET		26.1
SK50-XBET 600-362 LV	600～680	362		XBF595AL-SET		21.6
SK50-XBET 680-362 LV	680～760			XBF675AL-SET		22.5

刀夹型号	被加工材料类别 适用刀片型号	P 合金钢	M 不锈钢	K 铸铁	N 有色金属
MCLNL16CA-12	CNMG120404-M	FCP20	FCM20	FCK20	—
	CNMG120408-M	FCP20	FCM20	FCK20	—
SCGCL16CA-12	CCMT120404-M	FCP20	FCM20	FCK20	—
	CCMT120408-M	FCP20	FCM20	FCK20	—
	CCGT120404	—	—	—	FCN20
	CCGT120408	—	—	—	FCN20
	CCGT120404	—	—	—	FCD20

b)

样本（图片来源：方寸工具）

大孔径粗镗刀					

型号	D_c / mm	L / mm	刀柄型号	镗桥组件	刀座	质量/ kg
HSK100A–XBET 150–195	150～200	195	HSK100A–FMG–117	XBF145–SET	CSD50×2	11.8
HSK100A–XBET 200–195	200～280			XBF195–SET		12.8
HSK100A–XBET 280–195	280～360			XBF275–SET		14.9
HSK100A–XBET 360–195	360～440			XBF355–SET	CSD80×2	16.6
HSK100A–XBET 440–195	440～520			XBF435–SET		18.6
HSK100A–XBET 520–195	520～600			XBF515–SET		20.3
HSK100A–XBET 600–212 LV	600～680	212		XBF595AL–SET		15.8
HSK100A–XBET 680–212 LV	680～760			XBF675AL–SET		16.7
HSK100A–XBET 150–245	150～200	245	HSK100A–FMG–167	XBF145–SET	CSD50×2	13.6
HSK100A–XBET 200–245	200～280			XBF195–SET		14.6
HSK100A–XBET 280–245	280～360			XBF275–SET		16.7
HSK100A–XBET 360–245	360～440			XBF355–SET	CSD80×2	18.4
HSK100A–XBET 440–245	440～520			XBF435–SET		20.4
HSK100A–XBET 520–245	520～600			XBF515–SET		22.1
HSK100A–XBET 600–262 LV	600～680	262		XBF595AL–SET		17.6
HSK100A–XBET 680–262 LV	680～760			XBF675AL–SET		18.5
HSK100A–XBET 150–295	150～200	295	HSK100A–FMG–217	XBF145–SET	CSD50×2	16.1
HSK100A–XBET 200–295	200～280			XBF195–SET		17.1
HSK100A–XBET 280–295	280～360			XBF275–SET		19.2
HSK100A–XBET 360–295	360～440			XBF355–SET	CSD80×2	20.9
HSK100A–XBET 440–295	440～520			XBF435–SET		22.9
HSK100A–XBET 520–295	520～600			XBF515–SET		24.6
HSK100A–XBET 600–312 LV	600～680	312		XBF595AL–SET		20.1
HSK100A–XBET 680–312 LV	680～760			XBF675AL–SET		21
HSK100A–XBET 150–345	150～200	345	HSK100A–FMG–267	XBF145–SET	CSD50×2	17.6
HSK100A–XBET 200–345	200～280			XBF195–SET		18.6
HSK100A–XBET 280–345	280～360			XBF275–SET		20.7
HSK100A–XBET 360–345	360～440			XBF355–SET	CSD80×2	22.4
HSK100A–XBET 440–345	440～520			XBF435–SET		24.4
HSK100A–XBET 520–345	520～600			XBF515–SET		26.1
HSK100A–XBET 600–362 LV	600～680	362		XBF595AL–SET		21.6
HSK100A–XBET 680–362 LV	680～760			XBF675AL–SET		22.5

刀夹型号	被加工材料类别 适用刀片型号	P 合金钢	M 不锈钢	K 铸铁	N 有色金属
MCLNL16CA–12	CNMG120404–M	FCP20	FCM20	FCK20	—
	CNMG120408–M	FCP20	FCM20	FCK20	—
SCGCL16CA–12	CCMT120404–M	FCP20	FCM20	FCK20	—
	CCMT120408–M	FCP20	FCM20	FCK20	—
	CCGT120404	—	—	—	FCN20
	CCGT120408	—	—	—	FCN20
	CCGT120404	—	—	—	FCD20

c)

图 3-72 桥式扩孔刀的样本（图片来源：方寸工具）（续）

刀柄：HSK100A-FMG-117。

镗桥组件：XBF145-SET。

刀座：CSD50×2。

刀夹：SCGCL16CA-12×2。

所用刀片与之前的普通扩孔刀相同，也是 CC12 的刀片。

阶梯孔中 ϕ250mm 的扩孔刀选择方法完全相同，选出的结果是 HSK100A-XBET 200-295，其中除镗桥和刀座不同（镗250mm 直径的镗桥为 XBF195-SET，刀座为 CSD80×2）之外，刀柄、刀夹和刀片都是相同的。

另外，方寸工具的桥式扩孔刀选用了标准化的刀座，这就可以通过更换不同主偏角、不同刀片形状（如 C 型、S 型、T 型、W 型等）和形式（如正型或负型），以获得更为理想的加工效果。

3.4.3 复合刀具方案

方寸工具对这一工件提出了一个复合刀具方案（图 3-73）。

图中下方三个单尺寸线的箭头所指都是 2 齿结构的扩孔刀的刀齿，红色部分表示用于加工 ϕ130mm 的孔，蓝色部分表示用于加工 ϕ200mm 的孔，而绿色部分则用于加工 ϕ250mm 的孔。由于这样的刀比较重，可能超出换刀机械手的抓刀重量极限，机床主轴转矩也会比较大，因此方寸工具的复合扩孔刀采用了三重减重措施：首先在刀体两侧削去两大块（绿色空心箭头所指），这部分的

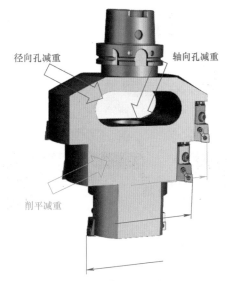

图 3-73　复合刀具方案（图片来源：方寸工具）

减重会非常明显；然后在扩 ϕ250mm 的部分挖去一个呈腰圆形的径向的孔（红色空心箭头所指）；最后从扩孔刀的端面开始钻一个孔直到腰圆孔的轴向孔（蓝色空心箭头所指）作为第三重减重。综上所述，虽然这个复合扩孔刀得到了大幅度的减重，但是该复合刀的刚性仍然是足够的。

复合刀具的加工状态如图 3-74 所示。

据方寸工具测算，原来的 3 个直径各用一把扩孔刀的方案，加工 ϕ130mm 的通孔切削耗时 16s，加工 ϕ200mm 的通孔切削耗时 15s，而加工 ϕ250mm 的沉孔切削耗时 12s，再加上 3 次换刀及空行程耗时 30s，总共加工耗时 73s（3 次换刀所占时间高达整个加工周期的 41%）；而采用复合刀具之

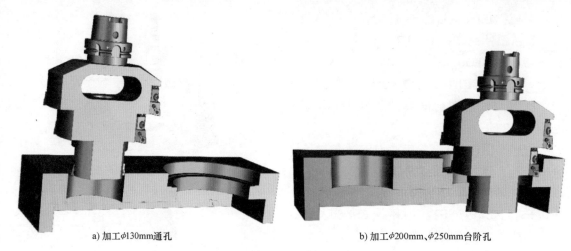

a) 加工φ130mm通孔　　　　　　　　b) 加工φ200mm、φ250mm台阶孔

图3-74　复合刀具的加工状态（图片来源：方寸工具）

后，两孔切削耗时为43s（这与分为3把刀的方案一致），而换刀只需一次即10s，加工周期总时长减少到了53s。由于交换工作台不用考虑工件换装的时间，为简化计算，假设该工序只加工这3个孔，以原先日产量650件计，仅这一项工艺改进就使日产量达到850件。方寸工具介绍，如果试用后觉得工艺系统刚性足够强，可以考虑将前两对刀夹换成主偏角75°甚至45°的刀夹，以增大进给进一步提高加工效率；用更多切削刃的（如S型刀片代替C型刀片，用负型刀片来代替正型刀片）刀夹以增加可用切削刃数来降低刀片消耗，进一步优化工艺。

一般而言，这个复合刀具的价格会低于原来使用的三个标准扩孔刀。若整个项目进行全面的工艺改进后日产量提高，再叠加单件成本降低的收益，产生的效益非常明显。

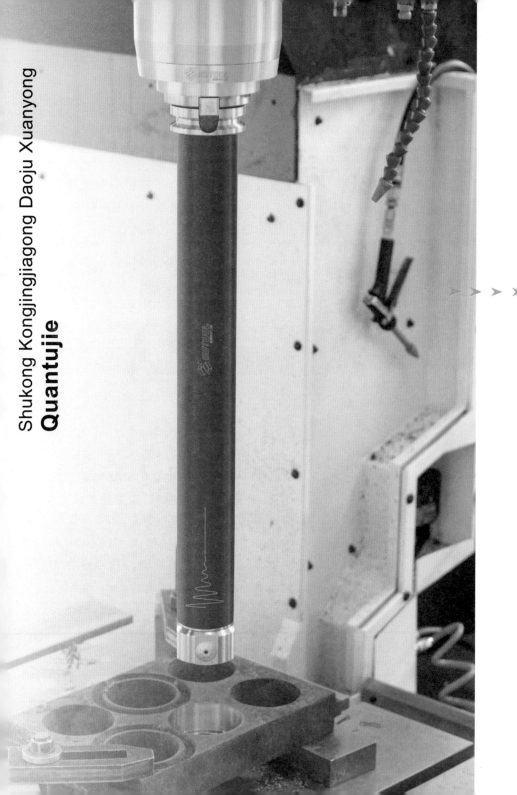

4

精镗刀

4.1 常用的精镗单元

镗削是提高现有孔表面质量的加工方法。镗削的目的是完成现有孔的加工，以使被加工的孔获得小的孔偏差、位置偏差和高质量表面。

精镗与铰削的区别是精镗会按镗刀的轴线来确定完工后孔的轴线位置，而铰削则更多地按预制孔的本来位置确定完工后孔的轴线位置。就标准的精镗刀而言，它可在一定的范围内调整直径（通常需要手动调整），相对灵活，而铰刀的直径比较固定。

另外与扩孔刀具相比，精镗刀直径可在微米级范围内调整，适合加工比扩孔精度要求更高的孔。

与插补铣孔（请参见《数控铣刀选用全图解》一书7.5节的相关内容）相比，精镗刀直径比铣削刀具大，在刀库占用空间更多。

在刀具结构上，精镗刀通常只有一个切削刃在切削。

镗刀的切削用量（图4-1）与扩孔刀相似，图中红色箭头所示为切削速度，绿色箭头间所示的切削深度与扩孔钻完全一致，只是在进给量（图中黄色箭头）方面，镗刀通常是单齿切削，将扩孔进给量中的刀齿数 z 设为1就可以让扩孔的计算适用于镗削。当然，个别刀齿数大于1的精镗刀，扩孔刀的进给量计算公式依然适用。

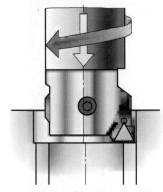

图4-1 镗刀的切削用量
（图片来源：山特维克可乐满）

大量的镗刀也与扩孔刀一样采用了模块化接口。这些模块化接口请参见本书第3部分"扩孔刀"的相关介绍。

图4-2所示的简易镗刀与图3-36和图3-37所示的扩孔刀类似，只不过在刀条尾部加了调整螺钉以调节刀头的位置。但这样的镗刀连反向间隙都没有限制或消除，难以满足数控加工的高精度、高可靠性的要求，因此这类简易镗刀一般不适用于数控加工。下面介绍几种相对简单的精镗单元。

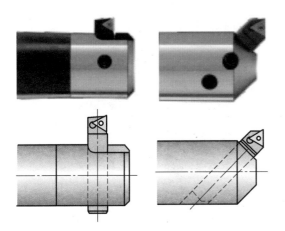

图 4-2　简易镗刀（图片来源：森泰英格）

■ 差动螺纹微调镗刀

图 4-3a 所示为差动螺纹微调镗刀结构原理。在这种结构的镗刀体（棕色）里装有镗杆（黄色），镗杆在镗刀体的孔中受到导向螺钉（红色）的限制只能移动而无法转动。镗杆后方的刀杆螺柱（橙色）通过天蓝色的连接螺钉与刀杆形成一体，因此它只能随刀杆（黄色）平动。

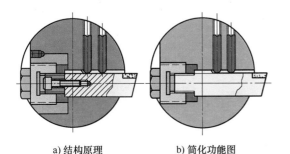

　　　a) 结构原理　　　　　b) 简化功能图

图 4-3　差动螺纹微调镗刀
（图片来源：豪芋柯机械）

首先是紫色的螺套被镶在镗刀体内，由于骑缝螺钉的限制，螺套与镗刀体连为一体，既不能平动，也不能转动，在功能上可以认为两者是一体的。

因此，可以通过图 4-3b 所示的简化功能图来介绍其动作。

在刀杆螺套（紫色）的内部是调节螺钉（绿色）。调节螺钉的外螺纹与紫色的螺套旋合（螺距稍大，如 1.5mm），而其内螺纹与安装在刀杆（黄色）上的刀杆螺柱旋合（螺距稍小，如 1.25mm）。

当调节螺钉顺时针拧动一圈时，镗刀体（简图紫色）会让调节螺钉向右移动一个较大螺距（如 1.5mm），而调节螺钉又会让刀杆（黄色）向左移动一个较小螺距（如 1.25mm），两者的叠加效应就是刀尖相对于刀体向右移动了两个螺距的差值（例如 1.5mm-1.25mm=0.25mm）。我们知道要做一个小螺距的丝杆会有相当大的困难，而这种两个螺距的差值就降低了这个难度。

应该指出，图 4-3 所示的这一结构没有加上消隙结构，容易引起尺寸不稳定、调整过程中刀尖"爬行"等问题，建议实际应用还是要增加消隙机构（可参见下列精镗单元）。

■ 弹簧消隙的精镗单元

图 4-4 所示为弹簧消隙精镗单元示例，图 4-4a 所示为组装后的精镗单元，图 4-4b 所示为分解的内单元和精镗座。有些时候，尤其是镗刀直径较小时，可使用镗刀体本

身作为镗刀座。

a) 组装后的精镗单元　　b) 分解的内单元和精镗座

图 4-4　弹簧消隙精镗单元示例

图 4-5 所示为弹簧消隙的精镗单元原理示意图，其中图 4-5a 中用螺旋压缩弹簧来消隙，而图 4-5b 中用碟形弹簧来消隙。使用时旋动调节螺母（玫红色），镗杆（土黄色）或与镗杆配合在一起的螺套（天蓝色）因销钉（紫色）的限制无法旋转，只能沿轴线移动，从而实现了镗刀片位置的调节。由于存在弹簧消隙结构，调节螺母和螺套两者的螺纹始终贴着一个方向接触，因此正反向旋转时基本没有间隙，尺寸的调节可以正反两个方向连续调节。

图 4-5a 所示的结构中有个精镗座（翠绿色），用固定螺钉骑缝安装在镗刀杆上，而图 4-5b 所示的是直接安装在镗刀杆上（镗刀杆后部有阶梯孔，深蓝色的卡圈和弹簧卡在较大直径上）。

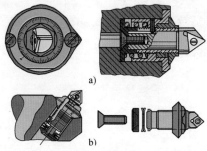

a)

b)

图 4-5　弹簧消隙精镗单元原理示意图
（图片来源：Rigibroe）

这类精镗单元的形式很多，既有不同尺寸（图 4-6），又有与镗刀轴线垂直（图 4-7a）和与镗刀轴线倾斜（图 4-7b）两种基本安装方法（包括不同的刀片类型及主偏角）。

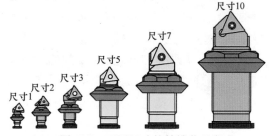

尺寸10

尺寸7

尺寸5

尺寸1　尺寸2　尺寸3

图 4-6　不同尺寸的精镗单元
（图片来源：Rigibroe）

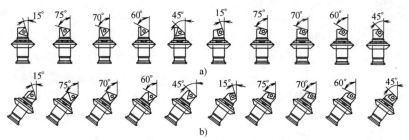

15°　75°　70°　60°　45°　15°　75°　70°　60°　45°

a)

15°　75°　70°　60°　45°　15°　75°　70°　60°　45°

b)

图 4-7　安装方式、刀片类型及主偏角不同的精镗单元（图片来源：Rigibroe）

■ 双弹性套消隙精镗单元

图4-8、图4-9所示分别为双弹性套消隙精镗单元外形图和结构图。

从图4-8中看到该镗刀外套上开有弹性槽，其内部的中间套（图4-9）上开有类似的弹性槽，两个带弹性槽的零件共同作用以消除螺纹间隙。

微调镗刀头的轴向弹性的作用就是要消除螺杆和中间套的螺纹间隙，类似于丝杠副中采用双螺母消除间隙的原理一样，只要将中间套（棕色）沿着轴向方向拉伸，就可以消除间隙，这样在镗刀正反向调节尺寸时就不会有反向间隙。

而外套（天蓝色）在最外面，可以看到外套开的两个槽间距比中间套（棕色）要大，这样中间套的轴向弹力就比外套（天蓝色）大。因此，在装配时外套是被压缩的，产生的弹力就通过滚珠传递到中间套，使其发生变形的同时又锁紧刀杆。

如果没有开两个槽，那么中间套与螺杆就是刚性零件，螺杆就会因螺纹间隙而晃动，也无法被锁紧。

这类精镗单元也具有与镗刀轴线垂直（图4-10a）和与镗刀轴线倾斜安装（图4-10b）两种基本安装方法。当使用倾斜安装方式、镗刀刀尖在径向按需要调节时，

图4-8 双弹性套消隙精镗单元外形图
（图片来源：松德数控）

图4-9 双弹性套消隙精镗单元结构图（图片来源：Rigibroe）

精镗单元倾斜伸缩会使其轴向位置发生变化，在镗削阶梯孔、不通孔时会引起镗孔有效深度变化（图 4-10b 的 3/4 只是个例，请按实际倾斜角计算）。

用户用这种精镗单元自制非标镗刀也是较为可行的方法。图 4-11 所示为某厂商的精镗单元安装孔尺寸参数。如果选用该厂商的精镗单元自制镗刀，只需按图 4-11 的要求在镗刀体上加工出安装孔，届时放入精镗单元拧好固定螺钉，这一部分的制造就可以完成。

这类精镗单元和螺纹消隙的精镗单元制造的镗刀虽然简单易行，但是常常有一个问题，即安装单元时需要在镗刀体上削一个平面，去除一部分镗刀体材料（如图

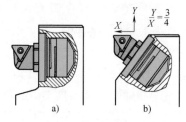

图 4-10　不同的精镗单元安装方式
（图片来源：成林刀具）

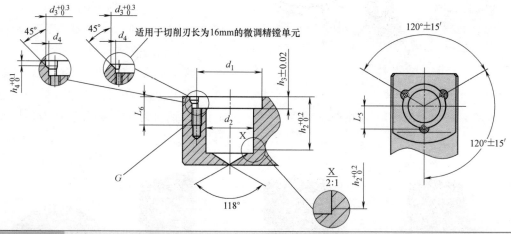

型号	尺寸/mm									
	h_2	h_3	h_4	d_1	d_2	d_3	d_4	G	L_6	L_5
MB-*1-****	11.5	2.8	1.6	19	16	4.6	3.2	M3	9	9.65±0.02
MB-*2-****	15.5	4	1.6	25	20	4.6	3.2	M3	9	12.5±0.02
MB-*3-****	24	5	1.8	30	22	6.5	4.3	M4	13	15.4±0.02
MB-*4-****	33	6.3	—	46	32	11.9	5.4	M5	16	23.0±0.02

图 4-11　精镗单元安装孔尺寸参数（图片来源：成林刀具）

4-12 中紫色的面），这就容易对镗刀的动平衡性能带来负面影响，会降低镗刀的许用转速。尤其是用精镗单元制造多阶梯的镗刀，若削平位置选择不当，很容易严重破坏镗刀的动平衡性能。因此，专业厂设计通常会事先进行动平衡计算，使得刀具在设计上基本取得必要的动平衡性能，而用户常常不具备这样的动平衡计算手段，较复杂的精镗刀具建议交给专业厂设计制造，以获得更好的使用性能。

图 4-12　精镗镗刀（图片来源：Rigibore）

4.2　通用型精镗刀结构

4.2.1　典型精镗调节结构

图 4-13 所示为一种典型的精镗刀调节结构。黄色的调节盘上有绿色的精密螺套，螺套的转动会驱动淡紫色的、带有精密内螺纹的刀杆座。由于刀杆座受到限制无法旋转（图中未画出），只能沿图上的纵向轴线移动，从而带动土黄色的刀杆（被蓝色的螺钉锁定在刀杆座内），改变镗刀的加工尺寸。在黄色的调节盘与橙色的限位衬套之间安排了红色的碟形弹簧，通过这一衬套，可以消除螺杆的外螺纹与刀杆座内螺纹之间的间隙，从而避免正反向调节时的反向间隙。

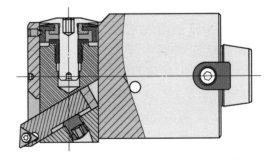

图 4-13　精镗刀调节结构（图片来源：松德数控）

图 4-14 所示为笔杆式精镗刀调节结构。对照图 4-13，我们可以发现，两者非常相似。其主要差别是刀杆座、刀杆、刀杆锁紧装置（深蓝色螺钉）有了较明显的变化，但两者的原理完全相同，调整部件几乎只

在尺寸方面有些细微的变化。

大部分厂商采取类似的结构来制造自身的笔杆式精镗刀和典型精镗刀，就像图4-13和图4-14的相似性那样。

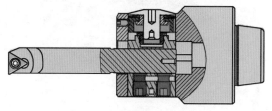

图4-14　笔杆式精镗刀调节结构
（图片来源：松德数控）

▶ 4.2.2　笔杆式

所谓笔杆式，通常是指镗刀体中间有一个刀杆，两者轴线基本平行，外观上好似一只手（镗刀体）握着一支笔。

图4-15所示为笔杆式精镗刀外形图（调整结构如图4-14所示），图4-15b所示为带有装刀片镗刀杆的笔杆式镗刀，图4-15c所示为装整体硬质合金镗刀杆的笔杆式镗刀，而图4-15a所示则是一系列不同的镗刀杆（也称刀杆、镗杆），包括硬质合金刀片的镗刀杆和整体硬质合金的镗刀杆。

■ **整体硬质合金刀杆**

由于结构限制，小孔镗刀中有一部分刀杆常用整体硬质合金制造。

图4-16所示为整体硬质合金的刀杆。图中的镗刀从加工 $\phi0.4mm \sim \phi6mm$ 共安排了10种不同的刀杆（请注意图中有些镗杆

的可镗孔深度一致而直径不同，因此将相同的可镗孔深度安排了相同的底色），极小直径的镗孔加工，允许的可镗孔深度也会极小，否则容易引起刀杆刚性不足而造成刀杆折断。当然，如果需要稍长的刀杆厂商通常可以特殊供应，但使用时需格外小心，降低切削参数往往是必然的选择。

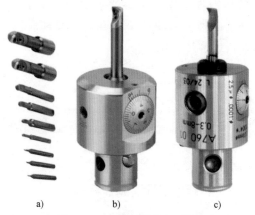

a)　　　　b)　　　　c)

图4-15　笔杆式精镗刀外形图
（图片来源：松德数控）

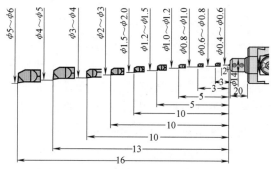

图4-16　整体硬质合金的刀杆
（图片来源：松德数控）

■ 装刀片的整体刀杆

直径稍大的刀杆通常会做成刀片式，这些刀杆与内孔车刀极为相似。只不过由于笔杆式镗刀受刀杆安装孔的限制，同一厂商用于加工不同直径的刀杆的安装尺寸很可能会是相同的，如图 4-17 所示的装刀片的刀杆，从镗削较小直径的 6mm 的刀杆到镗削较大直径的 22mm 刀杆，其圆柱柄的尺寸都是 ϕ10mm（该厂商的另一款刀杆从 6 ～ 50mm 都是 ϕ16mm 的柄部）。只要确定镗刀体的安装尺寸和需要镗削的被加工零件直径，就可以基本确定所需要的刀杆。

由于刀杆安装孔尺寸固定而镗孔直径范围大，因此在加工较大直径的孔的刀杆结构上常常会呈现"弯腰驼背"的造型。这些"弯腰驼背"的刀杆（图 4-18）刚性相对较差，制造经济性也不佳。由此，常常会有装刀片的换头刀杆出现。

■ 装刀片的换头刀杆

图 4-19 所示为螺纹换头的刀杆。这类刀杆按材质分为钢刀杆和硬质合金刀杆两类，由于硬质合金刀杆的刚性远远高于钢刀杆（硬质合金的弹性模量 E 是钢件的 3 倍），刀杆刚性稍差的问题就可以得到改善；由于镗头部分与刀杆分开制造，刀杆制造的经济性也得到了提升。

还有的采用与扩孔刀类似的底部齿条方式来解决"弯腰驼背"问题，如图 4-20 所示的类似扩孔刀的刀杆。

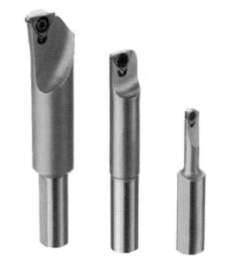

图 4-17　装刀片的整体刀杆
（图片来源：松德数控）

图 4-18　"弯腰驼背"的刀杆（图片来源：世邦兴业）

图 4-19　螺纹换头的刀杆（图片来源：肯纳金属）

图 4-20　类似扩孔刀的刀杆（图片来源：世邦兴业）

▶ 4.2.3　刀头式

　　笔杆式的镗刀虽然通过更换刀杆能够镗削较大的孔，但大部分由于刀杆较细（常见在 10 ～ 16mm 之间），会在镗较大的孔时显得刚性不足，易于产生振动，此时多推荐使用刀头式镗刀（图4-21），即刀杆与镗刀体直接连接，连接的方式通常是第 3 章所介绍的模块式。

图 4-21　刀头式镗刀（图片来源：松德数控）

■ 插入式

　　插入式刀头式镗刀的基本形式是将镗刀刀条（类似于车刀杆）插入镗刀的调节单元中并加以固定，如图 4-22 所示（其调节结构如图 4-13）。

图 4-22　插入式刀头式镗刀（图片来源：松德数控）

　　插入式的特点是结构简单，刚性好，但将其改造成类似于背镗这样的功能比较麻烦。

■ 悬挂式

　　悬挂式镗刀（图 4-23）是将镗刀调整组件从调整盘端穿过镗刀体延伸到另一端，然后悬挂刀夹。图 4-24 所示为悬挂式镗刀轴测分解图。

图 4-23　悬挂式镗刀（图片来源：松德数控）

悬挂式镗刀的刀头安排比插入式的要灵活，它通常可以用不同的悬挂头长度来扩大一个镗头的使用范围，如图4-25所示为不同悬挂头的镗刀。但较长的悬挂头可能会影响刀头的平衡性能。

从图4-26所示的悬挂式镗刀调节结构并对照图4-13和图4-14可知：这些调节结构的原理是几乎一致的。

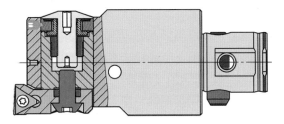

图 4-26　悬挂式镗刀调节结构
（图片来源：松德数控）

■ 滑座式

滑座式镗刀在镗刀的顶部安排轨道，镗刀刀座与整个轨道副连接在调整单元的滑动座上（图4-27a）。当调整带螺杆的调节圈时，螺母就带动滑座的轨道副及镗刀座一起移动。由于镗刀座在与轨道副松开时可在较大范围内调节位置，因此这一结构的镗刀体应用广泛。如图2-27b所示，当刀座单独安装在镗刀体上可加工较小直径（图示例子为63～90mm），而安装在镗桥上则可加工较大直径（图示例子为90～215mm），不过直径较大时可能有其他问题，在桥式镗刀时再做介绍。

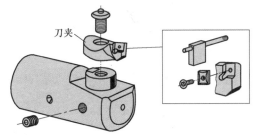

图 4-24　悬挂式镗刀轴测分解图
（图片来源：肯纳金属）

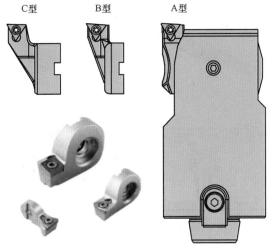

图 4-25　不同悬挂头的镗刀
（图片来源：松德数控）

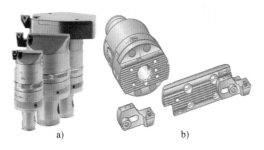

图 4-27　滑座式镗刀
（图片来源：高迈特）

■ **模块式**

这里的模块式是指将镗刀模块安装在《数控铣刀选用全图解》第 5 章中"可换头可转位铣刀"所述的模块系统中。图 4-28 是在《数控铣刀选用全图解》图 5-1 的基础上增加了 2 种精镗头而组成的新的 ScreFit 系统简图,新增的镗头分别是笔杆式的镗头和插入式的镗头。在这种模块系统中加入镗头的好处是有相当大的柔性,其或短或长都比较容易取得较为合适的刀具总长。同时由于系统中具有硬质合金的接长杆,在镗削较长的孔时刀杆的刚性也能得到很好的提高。关于这类模块的接口特性,已在《数控铣刀选用全图解》中做了专门的介绍,这里就不再赘述。

刀(图 4-29)。图 4-29 是两种典型的桥式镗刀,右侧图 4-29a 橙色的是大尺寸的桥式镗刀,由于尺寸很大,刀具重量很容易超过机床主轴的负荷极限,因此其刀桥通常考虑使用较轻的材料制造,如铝合金。

中小尺寸的桥式镗刀与大尺寸的桥式镗刀类似,大部分也只有一个切削刃(图 4-29b 所示中小尺寸的桥式镗刀只有左边有切削刃)。但是,这种镗刀在类似于扩孔刀的另一个刀座的位置会增加一个"配重块"(图 4-29b 中的蓝圈内),该配重块上没有切削刃,只是为了在桥式镗刀以较高转速旋转时不至因不平衡而产生振动等问题。

图 4-28　加入镗刀的 ScreFit 系统简图
（图片来源：瓦尔特刀具）

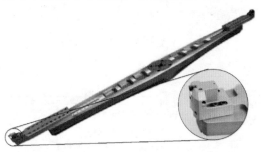

a) 大尺寸的桥式镗刀

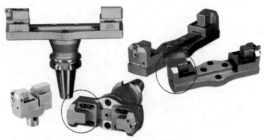

b) 中小尺寸的桥式镗刀

▶ **4.2.4　桥式**

与桥式扩孔刀类似,镗刀也有桥式镗

图 4-29　桥式镗刀（图片来源：松德数控）

之前在介绍图 4-27 所示的滑座式镗刀时提到了该结构在较大尺寸时可能有些问题，就是指一个刀头的结构容易造成不平衡。当然，在这种镗刀的另一端也装上一个刀座，刀座上不安装刀片，且两个刀座距镗刀轴线的距离大致相等，这样也可以起到"配重块"的作用。

4.3 专用镗刀类型

▶ 4.3.1　高精度镗刀

通常精镗刀的精度都是 0.01mm，即分度上的一格（1Div）为 ϕ0.01mm。为了满足越来越多的高精度镗孔的要求，刀具厂商使用各种方式来提高镗刀调节的精度。

第一种方式是"游标式"。图 4-30 所示为带游标的精镗刀，在其刀体近调节盘外缘处设置一游标刻度盘，类似于一个游标卡尺，以便于能较准确地读出比原先更高精度的读数。

图 4-30　带游标的精镗刀（图片来源：松德数控）

但由于镗刀内部的调整机构无论是结构还是精度都没有变化，其提高的只是"读数"精度而不是调整精度，即这种结构的精镗刀，想要调整游标一格的精度是相当困难的，使用图示的镗刀时调整者的手控制扳手旋转的角度不超过 1°。

第二种方法称为"以行程换精度"的超精密镗刀，即以损失调整行程的代价来获得调整精度。图 4-31 所示为超精密镗刀原理示意图。该镗刀的螺杆（紫色）安装在刀体（天蓝色）内，当黄色的调整环旋转时，带倾斜杆的螺母（绿色）就会产生轴向移动。由于倾斜杆插在刀杆（橙色）内，就会带动刀杆产生直径方向的移动（图示的螺母倾斜杆与镗刀轴线夹角约 11.3°，因此螺母沿轴线移动 1mm 将带动刀杆沿径向移动 0.2mm）。这样的镗刀调节精度大大提高（图示镗刀调整精度为 ϕ0.002mm，外观如图 4-32 所示，而行程则

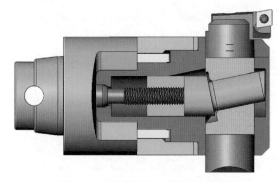

图 4-31　超精密镗刀原理示意图
（图片来源：Romicron）

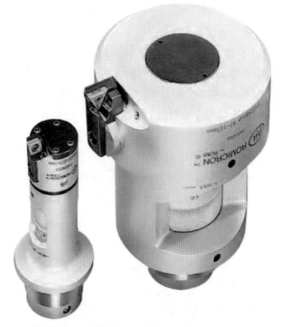

图 4-32　超精密镗刀（图片来源：Romicron）

缩减到原来的 1/5。如果进一步缩小行程
（如此方法中减小倾斜角）或者减小螺纹副
的螺距，镗刀的调节精度可进一步提高。

如图 4-33 所示为更高精度超精密镗刀（精
度 0.01mm）。

图 4-33　更高精度超精密镗刀
（图片来源：松德数控）

有时，既希望获得高精度的调整，又
不希望缩小精镗刀的调整范围，于是产生
了其他解决方案。

图 4-34 所示为超精密的精调刀夹，
其调整原理如图 4-35 所示。在图 4-35 中，
刀片安装在绿色的浮动块上，浮动块与
固定块（蓝色）通过黄色的销钉铆接在一
起。当顺时针拧动红色的调整螺钉时，浮
动块受到调节螺钉锥度的挤压，发生弯曲
变形。此时的浮动块就是一个悬臂梁，销
钉在弯曲变形后与固定块完全连成一体，
而销钉之前则发生弯曲变形。进而使刀尖
发生大致图示向下方向的移动来实现尺寸
的微调。

图 4-34　超精密的精调刀夹
（图片来源：松德数控）

0.002mm，调节范围可达 5mm，使用直径
为 $\phi2 \sim \phi215$mm。

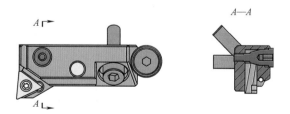

图 4-35　超精密的精调刀夹调整原理
（图片来源：松德数控）

图 4-34 所示的超精密的精调刀夹调整
精度是直径 0.01，但调整范围仅 0.6mm。
如果将其装于类似于扩孔刀的滑座，制成
超精密的精调刀夹式镗刀（图 4-36），粗调
由滑块承担，精调由刀夹承担，还是可以
解决一些问题的。

这样的刀夹通常可加工的尺寸在 $\phi20 \sim$
$\phi22$mm 以上。若将这一结构直接做成镗刀
杆，则可镗削直径会更小，如图 4-37 所示
的定制的超精密的刀杆可将类似的精度扩
展到精调刀夹式 $\phi12/16$mm 以上。将其置于
笔杆式镗刀内，可使原本调整精度不很高
的笔杆式镗刀也能提高调整精度。

另外还有精度为 0.002mm 的超精密镗
头，厂商在上面既安排了笔杆式镗刀的安
装孔，又安排了供刀座、镗桥等部件使用
的齿条（图 4-37）。这就可能变成加工范
围广的超精密镗头（图 4-38），其镗头调
节精度为 0.01mm，通过游标的分精度可达

图 4-36　超精密的精调刀夹式镗刀
（图片来源：John+Co MicroCut）

图 4-37　超精密的精调刀夹式刀杆
（图片来源：方寸工具）

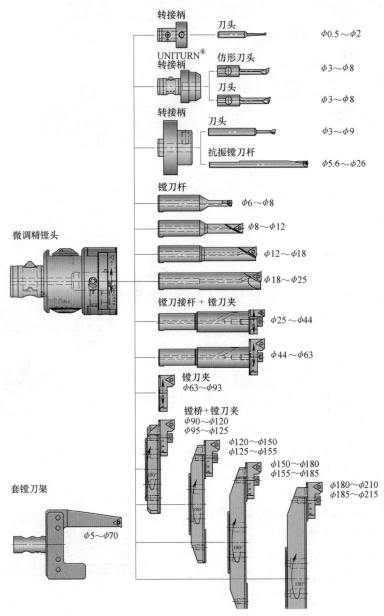

转接柄

刀头

$\phi0.5\sim\phi2$

UNITURN®
转接柄

仿形刀头

$\phi3\sim\phi8$

刀头

$\phi3\sim\phi8$

转接柄

刀头

$\phi3\sim\phi9$

抗振镗刀杆

$\phi5.6\sim\phi26$

镗刀杆

$\phi6\sim\phi8$

$\phi8\sim\phi12$

$\phi12\sim\phi18$

$\phi18\sim\phi25$

镗刀接杆 + 镗刀夹

$\phi25\sim\phi44$

$\phi44\sim\phi63$

镗刀夹
$\phi63\sim\phi93$

镗桥+镗刀夹
$\phi90\sim\phi120$
$\phi95\sim\phi125$

$\phi120\sim\phi150$
$\phi125\sim\phi155$

$\phi150\sim\phi180$
$\phi155\sim\phi185$

$\phi180\sim\phi210$
$\phi185\sim\phi215$

微调精镗头

套镗刀架

$\phi5\sim\phi70$

图 4-38　加工范围广的超精密镗头（图片来源：高迈特）

4.3.2 线镗刀

线镗刀一般指的是需要有外支承部件的细长刀杆，通常用于多重孔的镗削（图4-39中的箭头所指）。这种加工方式的优势是多个同轴同尺寸孔（图4-39上为5个孔）能一次通过或推或拉的方式加工下来，这就很好地保证了孔的同心度和直线度。

线镗刀的使用常常比较复杂，它一般需要通过前后移动工件或上下托举工件来把刀杆移动到加工的位置。

图4-40所示的线镗刀有3个相同的刀片组，用于加工3个孔（分别由红色、绿色、蓝色方框框出）。每组有4个刀片，分别完成两端倒角、粗镗、精镗的加工步骤，如图4-41所示。

线镗刀的刀杆进入工件时与工件要有径向位置的移动，以避免撞刀。线镗刀的刀头多半只能处于圆周基本相同的方位，即多个刀头基本在一条直线之上。如2个孔的间距足够大，刀片应装于刀座以便维护；但即便间距再小，精镗刀片通常置于刀座，以便单独进行精调。

线镗刀也常有用各种精镗单元来构成各个镗头。与图4-3的差动螺纹结构类似，图4-42为镗头构成的线镗刀，（图上方绿色箭头在下文提及）。图4-43为Romicron精镗头的线镗刀（与图4-31的超精密精镗头构成切削单元类似）。

图4-39　线镗刀使用案例——多重孔的镗削
（图片来源：肯纳金属）

图4-40　线镗刀
（图片来源：Master Tool）

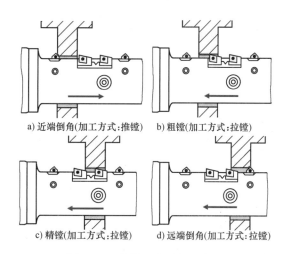

a) 近端倒角(加工方式:推镗)　b) 粗镗(加工方式:拉镗)

c) 精镗(加工方式:拉镗)　d) 远端倒角(加工方式:拉镗)

图4-41　线镗刀典型加工步骤
（图片来源：Master Tool）

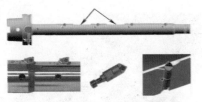

图 4-42 差动螺纹镗头的线镗刀
（图片来源：肯纳金属）

图 4-43 Romicron 精镗头的线镗刀
（图片来源：肯纳金属）

a) 四刃刀片镗刀(图片来源：肯纳金属)

b) 导条刀片镗刀(图片来源：玛帕刀具)

图 4-44 导条式镗刀

4.3.3 导条式镗刀

图 4-44 所示为导条式镗刀，这种镗刀的调节结构与切削特性与铰刀几乎一致（图 4-44a 所示的结构原理如图 2-82 和图 2-83 所示，图 4-44b 所示的结构如图 2-76 所示），但镗刀的刀杆刚性明显高于铰刀（之前已经介绍，铰削中孔的位置度主要由预制孔决定，而镗削中孔的位置度主要由镗刀决定）。

图 4-44 所示的镗刀的导条不但在刀片所在的轴向位置有，它在刀片后面还有，这样的结构通常用于加工特别长的孔或者断续的孔，能让后面的导条帮助整个镗刀在加工过程中保持轴线的稳定，改善被加工孔的直线度和圆柱度。

在第 2 部分还介绍过能调节远端或近端圆跳动的刀柄，那样的刀柄主要就是用于这部分介绍的导条式镗刀。

4.3.4 多刃精镗刀

大部分的精镗刀是单刃镗刀，即同一段孔只有一个精镗刀片在进行镗削加工。这样的安排是为了简化镗刀的调整过程，不同的镗头要能够调到完全相同的直径非常考验调整机构的精度或调整者的手感。因此，这种单刃切削的方式加工效率比较低。

因此，一些易于调整的镗刀尤其是专用镗刀便设法制成多刃以提高加工效率。图 4-44 所示的两种导条式镗刀都是双刃的精镗刀——但这两种精镗刀的切削刃都没有对称布置，这是为了防止镗刀在退刀时划伤内孔表面（图中刀具由于刀体上还有导条，具体退刀时的让刀方向请咨询制造厂家）。

图 4-45 所示为多刃精镗刀。图 4-45a 为采用了超精密调整结构的 5 刃精镗刀（图

a) 5刃精镗刀(图片来源：Romicron)　　　　b) 带台阶的多刃精镗刀(图片来源：John+Co MicroCut)

图 4-45　多刃精镗刀

4-31)，由于其调整精度高，几个刀刃调整到基本同一直径并不再困难，但加工效率却大大提高；图 4-45b 为带台阶的多刃精镗刀，其采用图 4-34 和图 4-35 所示的精密刀夹结构（图中红色箭头所指就是精密刀夹），相对标准化的结构使大批生产的高效率精镗不再困难。

当然，多刃精镗刀大部分并不具备大范围调整尺寸的能力，主要应用于成批大量的生产模式中。

4.4　数字化镗刀

随着数字化技术的发展，数字化镗刀已进入工业应用。目前常见的数字化镗刀有数显镗刀和数字化调整镗刀两类。

4.4.1　数显镗刀

数显镗刀是将镗刀的调节结果通过传感器读出，从而能够更准确地掌握镗刀调整结果。

图 4-46 所示为直接数显镗刀，其是一种将调整结果直接在装有液晶显示器的镗刀刀体上显示的镗刀，而图 4-47 所示为数据传出的数显镗刀，是将传感器的测量结果通过接口输送到外接的电子数据阅读器，而操作者通过数据阅读器来读取调整结果的镗刀。相对而言，图 4-47 所示的结构为由多个镗头共用一个数显装置（图 4-47a 上

图 4-46　直接数显镗刀（图片来源：沃好特）

为小刀夹形式、下左起的笔杆式镗刀、常规尺寸镗刀和桥式镗刀可共用数显装置），可有效降低成本，使用简单、方便；而图 4-46 所示的数显一体化镗刀结构则除电源外无其他外接电路接口，更易实现防水防尘等要求。图 4-47b 则是使用小刀夹制造的阶梯镗刀示意图、小刀夹的爆炸图和调整示意图。图 4-47c、d 所示为图 4-47 的镗刀内部示意图。这种刀座或镗头内部有一个非常小的传感器，用于测量调整的数值。直径调节精度为 1μm，是一种精确的测量系统，使用简单方便。尤其是图 4-47 所示的刀座式，刀座的宽度方向可进行数字化调节（调整行程最大 0.4mm），用户可自己设计制造高精度的数显镗刀。

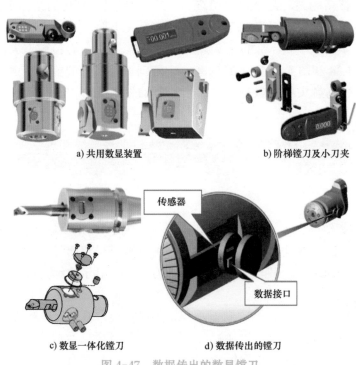

a) 共用数显装置

b) 阶梯镗刀及小刀夹

传感器

数据接口

c) 数显一体化镗刀

d) 数据传出的镗刀

图 4-47　数据传出的数显镗刀

（图片来源：瑞士工具）

由于数显刀具还是一种比较新的技术，读者可能还缺乏直观的了解，为此我们准备了相关的三个小视频，有兴趣的读者可以扫码观看，以了解更多的关于数显镗刀的情况：前两个视频针对图4-47，第三个视频针对图4-48。

图4-48所示为通过蓝牙传出数据的数显镗刀，这一微调精镗头可通过蓝牙技术将微调读数在单独的显示器上以 μm 为单位显示，从而无论是在对刀仪上还是机床内，都能更精确、更方便地调节和读取数据。

数显镗刀视频　数显小刀夹视频　蓝牙控制镗刀视频

▶ 4.4.2　数字化调整镗刀

相对于图4-48所示的蓝牙连接数显镗刀，图4-49所示为进一步的无线调整镗刀。该镗刀的嵌入系统允许通过数字接口以无线形式自动调节切削直径，它通过机器控制器或机器仪表调整切削刃，利用内置电子传动机构代替操作员手动调整（可调整切削直径、实现磨损补偿），简单地精确调节机床或预设装置的刀具，实现高精度镗削加工。通过这种调整方式，操作员可以从外部设备对镗刀的切削直径进行无线预设和调整，效率更高、精度更佳、生产经济性更优。它也能提高自动化水平，如减少对于技术员和操作员的需求、实现无人化生产。

图4-48　通过蓝牙传出数据的数显镗刀
（图片来源：高迈特）

图4-49　进一步的无线调整镗刀（图片来源：山特维克可乐满）

4.5 精镗刀的使用

▶ 4.5.1 精镗刀的动平衡

由于对精镗刀尤其是小直径的精镗刀切削速度的要求，常需要使用较高的转速。而在较高的转速下，镗刀是否经过动平衡对加工质量影响很大。

图 4-50 所示为精镗刀是否经过动平衡的圆度对比：黄色背景的镗刀未经动平衡，而紫色背景的镗刀经过了动平衡。试验结果表明，当转速相对较低（该试验中的镗

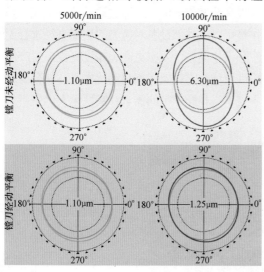

图 4-50　精镗刀（φ50mm）是否经过动平衡的圆度对比（图片来源：大昭和）

刀转速为 5000r/min），无论镗刀是否经过动平衡，孔的圆度并无差别，而当镗刀的转速明显提高时（该试验中的镗刀转速为 10000r/min），圆度误差急剧扩大：经动平衡的镗刀在转速增倍后圆度误差的增加并不明显，而未经动平衡的镗刀则圆度误差剧烈增加，圆度误差增加到转速倍增前的 5 倍左右，这常常超出作为精加工的精镗允许的圆度误差范围。以上说明精镗刀的动平衡很重要。

镗刀与其他回转体一样，动平衡的方法有许多。例如去重法（图 4-42 上方的两个墨绿色箭头即线镗刀杆的去重动平衡处）、增重法、调整法等，其中调整法也有许多方法，包括使用平衡调整刀柄、增加平衡调整环等。这些方法通常与其他刀具的动平衡没有太大差别，在此不再赘述。接着要介绍的，就是在精镗刀上自带的平衡调整机构，而这样的调整机构，又大致分为手动调整和自动调整 2 类。

■ 精镗刀动平衡的手动调整机构

图 4-51 所示为一种动平衡手动调整的镗刀（图 4-33 所示也是这类动平衡手动调整的镗刀）。这种手动调整的镗刀特征就是

镗刀体上配有动平衡调整环（这种平衡环都是按照所镗削的孔的直径来进行动平衡调整的）。

块总重与其相适应的配重块的离心力大致相等的原则，就可以确定配重块的位置，平衡环的调节位置也就确定了。

图 4-51 动平衡手动调整的镗刀
（图片来源：山高刀具）

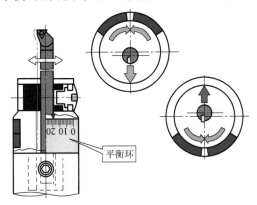

平衡环

图 4-52 动平衡手动调整的镗刀的调整原理
（图片来源：大昭和）

图 4-52 所示为这类镗刀的动平衡调整原理。当镗刀刀杆偏向一侧（图上向下绿色箭头），通过旋转平衡环使红色的配重块转到另一侧（图中上方）；若调整镗刀尺寸使刀杆偏向另一侧（图中向上紫色箭头），则红色的配重块转到这一侧（图中下方）。也就是说，根据直径尺寸，镗刀杆的位置是确定的，那么根据镗刀杆的离心力与两

图 4-53 所示为动平衡手动调整镗刀的结构。2 个淡黄色的锥齿轮面面相对，各带有一个红色的配重块，而中间则还有两侧各一个过渡用的绿色小齿轮。当与镗刀外侧相连接的一个淡黄色锥齿轮旋转时，中间的绿色小齿轮就跟着旋转，从而带动对面的淡黄色锥齿轮往相反的方向旋转。这样，两块锥齿轮上所带的配重块也就往相反的方向旋转，达到动平衡的状态。

图 4-54 所示为标有平衡值的手动调整镗刀的局部结构，其标示值为更技术性的 gmm。其在技术上非常严谨，也可以满足更换了不同材质刀杆时的动平衡需要，但调整前应首先测出该镗刀现有的不平衡量，否则操作就会显得无的放矢。

图 4-53　动平衡手动调整镗刀的结构
（图片来源：山高刀具）

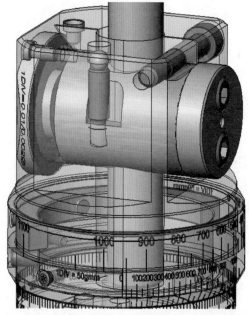

图 4-54　标有平衡值的手动调整镗刀的局部结构
（图片来源：瓦尔特刀具）

■ **精镗刀动平衡的自动调整机构**

精镗刀的动平衡自动调整指镗刀在调整尺寸的同时，镗刀内部的调整机构已自动开展动平衡操作，无须人工进行动平衡。

动平衡自动调整镗刀的典型结构如图4-55所示。这种镗刀在拧动调整盘以带动动刀杆移动时，动刀杆底下的齿条会带动与其啮合的小齿轮，再由该齿轮带动其底下的可动平衡块（顶上有齿条）往动刀杆（镗头）的反方向移动，从而实现所谓的动平衡自动调整。

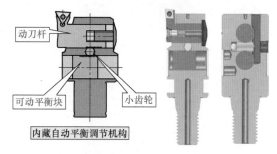

图 4-55　动平衡自动调整镗刀的典型结构
（图片来源：大昭和、瓦尔特刀具）

▶ **4.5.2　精镗刀的减振**

■ **切削用量**

切削用量过大以致超过刀杆的承受能力继而引发振动是常见的现象。在这种状况下，适当减小切削用量（主要是切削速度和进给量）就显得十分必要（当然这种方法会降低加工效率）。若要保持甚至略微提高加工效率则要选用合适的刀具——选择合适的几何参数或者使用减振刀杆都是可选的方法。

另一个特别的振动现象是切削层过薄，该情况下刀具常常实际不是在切削而是在挤压和摩擦。若在很小的切削深度时使用大的刀尖圆弧半径（图4-56）或大的切削刃钝圆半径则易于引发振动。

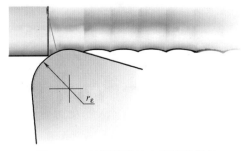

图4-56　切削深度过小易引发振动
（图片来源：山特维克可乐满）

■ 几何参数对振动的影响

刀具的几何参数对振动的影响与一些涉及刀具锋利性的指标如刀尖角（参见《数控车刀选用全图解》表3-5）、前角和后角（参见《数控车刀选用全图解》表3-2）、刀尖圆弧半径（参见《数控车刀选用全图解》图3-56）、切削刃钝圆半径（参见《数控车刀选用全图解》图3-77～图3-79）等有关。总体说来锋利的切削刃切削力较小，不易引发振动，而锋利性稍差的刀片虽较易引起振动，但不易在振动中引起切削刃破损。而消除振动的另一种方式是在刀片后面上附加"消振棱"（参见《数控铣刀选用全图解》图2-81）。消振棱不但能起到减振消振的作用，还能增加刃口强度，防止刃口破损，只是鲜有刀片生产企业提供标准的带消振棱的镗削刀片。

■ 减振刀杆

镗削中另一个重要的减振手段是使用减振刀杆（图4-57，又称抗振刀杆，针对镗削也称减振镗杆或抗振镗杆）。

与减振车刀杆、减振铣刀杆类似，减振镗杆也是通过一定方式吸收振动的能量，以达到吸收减少振动的能量的手段来减弱甚至消除振动（图4-58）。但由于镗刀与车刀、铣刀的振动方式有些差别，内部结构还是会不太一样。

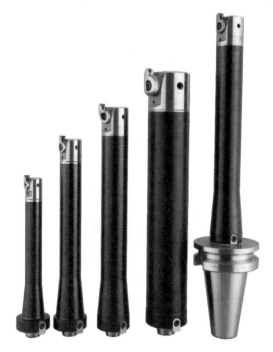

图4-57　减振刀杆（图片来源：松德数控）

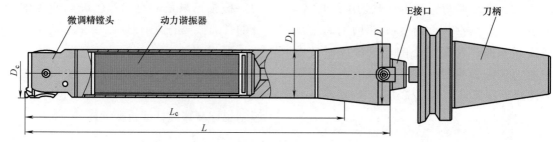

图 4-58　减振刀杆原理（图片来源：松德数控）

4.5.3　精镗中的其他问题

■ 单刀镗削工序中的切削力

如图 4-59 所示，当刀具切削时，切削力的切向分力 F_t 和径向分力 F_r 将试图使刀具偏离正确的位置。切向分力 F_t 将试图强制刀具头部离开中心线向下移动。这样，刀具的后角将减小。

径向分力 F_r 会使镗刀产生径向偏斜，而径向偏斜意味着切削深度及切屑厚度减小，这可能增加振动趋势。

切削力切向和径向分力的大小受切削深度、刀尖圆弧半径和主偏角的影响。径向偏斜影响加工孔径，切向偏斜意味着刀片切削刃向下偏离中心线，如图 4-60 所示。

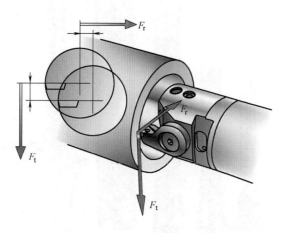

图 4-59　镗杆变形
（图片来源：山特维克可乐满）

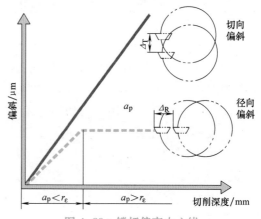

图 4-60　镗杆偏离中心线
（图片来源：山特维克可乐满）

避免镗刀发生这些偏移的方法包括合理选择刀片的几何参数及切削用量、尽可能增加刀杆直径和减少镗刀悬伸、选择高刚性刀杆等，这些与内孔车削基本相同，这里不再赘述，请各位读者参考《数控车刀选用全图解》一书。

避免镗刀发生这些偏移的方法还包括之前介绍过的多刃精镗刀、导条式镗刀等，其针对切向分力 F_t 和径向分力 F_r 安排了支承结构（无论是切削刃还是导条）来加以抵御，防止或限制变形。

■ 刀体减重

较大直径和较长的镗刀体如不采取措施会造成镗刀刀体过重。如果机床的刀库有重量限制，采用较轻的材质（如高强度铝合金）来制造的减重型刀具就是应该优先考虑的选择（图 4-61）。除此之外，减重型刀具也便于操作人员的搬运。由于重量轻，主轴的负荷更小。

图 4-61　减重镗杆（图片素材来源：瓦尔特刀具）

■ 背镗

与扩孔刀可以用于背向扩孔一样，精镗刀也可以用于背镗。与扩孔刀的背镗不同的是精镗刀的背镗尺寸更容易控制，它的精度取决于镗头本身的调整精度。

背镗加工必须注意：确保镗削刀具能够通过台阶孔并且镗削刀具的头部不会与工件碰撞干涉。因此当背镗时，镗削刀具能通过的孔最小直径 d_{min} 为（背镗相关尺寸如图 4-62 所示）

$$d_{min}=D_c/2 + D_{21}/2$$

式中　　d_{min}——镗刀头能通过的孔最小直径（mm）；

　　　　D_c——背镗台阶孔直径（mm）；

　　　　D_{21}——镗刀头部直径（mm）。

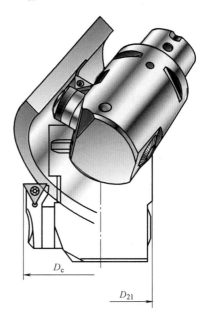

图 4-62　背镗相关尺寸
（图片来源：山特维克可乐满）

■ **套车**

用精镗刀进行套车（图4-63）比用扩孔刀进行套车更为精确，即可在加工中心上使用精镗刀具来完成更为精准的外圆车削工序，以获得小的圆度公差。

与镗削相比，套车经常需要镗头反转180°或使用笔杆式套车刀杆（图4-63a）并逆转旋转方向，还必须考虑可能的最大加工长度和外径以避免与刀具发生碰撞。

对于外圆加工，滑块和精镗头的质量将围绕工件旋转并产生很高的离心力。因此，当精镗头旋转180°时，必须参照刀具

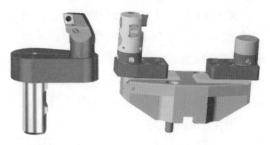

a) 笔杆式套车刀杆　　b) 桥式镗刀套车

图4-63　用精镗刀进行套车
（图片来源：瑞士工具和沃好特）

配置为精镗时用于该直径的最大切削速度来计算用于外圆加工的最大切削速度。

4.6 精镗刀选用案例

4.6.1 多孔板精镗

图4-64所示为多孔板的外形图。工件材料为铸造铝合金ZAlSi12，尺寸为50mm×80mm×90mm，被加工孔的直径为$\phi 11^{+0.018}_{0}$mm（预钻孔为$\phi 10.7 \downarrow 35$mm，孔口倒角（1）；所用机床为主轴接口BT40的立式加工中心，机床结构为"十字"滑台结构，主轴在Z轴做上下移动，工件在X轴、Y轴水平工作台上移动。

■ **确定加工方案**

本案例的加工孔直径公差值仅0.018mm

（经查公差带代号为H7），考虑其余工艺要

图4-64　多孔板的外形图（图片来源：松德数控）

素的影响，加工直径调整范围应缩小到公差值的 1/3 为宜（至多不超过 1/2），即调整公差值应控制在 0.006mm 以下（至多不超过 0.009mm）。为保证加工质量稳定，应选择微量调整的超精密镗刀。

加工铝合金的切削速度会比较高，这样才能既保证加工表面的质量（切削速度较低时铝合金加工易出现鳞刺现象，俗称拉毛），又达到较高的加工效率的目标。而较高的加工速度就是要较高的切削速度，也就是需要较高的转速。如前面（图 4-50）

介绍的，在高转速下需要经过动平衡的镗刀才能确保孔的圆度误差，因此选择带动平衡机构的超精密镗刀。

本案例将以图 4-65a 所示的松德数控的样本为例，来选择符合本案例要求的精镗刀。

在图 4-65b 中，孔加工刀具位于其综合刀具样本的第一部分"A"之中。图 4-66 所示为孔加工刀具目录。其中绿色箭头所指，就是其中的超精镗刀（其称为"微米镗刀"），而其这部分超精密镗刀部分的目录，如图 4-67 所示。

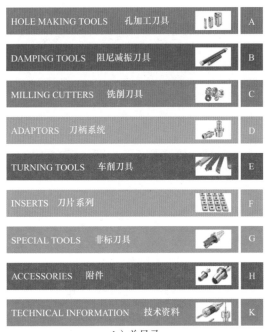

a）封面
b）总目录

图 4-65　综合刀具样本（图片来源：松德数控）

CONTENTS

A HOLE MAKING TOOLS 孔加工刀具

MODULAR BORING TOOL 模块式镗刀 A001~A048

模块式 E 接口原理及连接锁紧方式 Clamping Principle And Assembly Instruction Of Type E Connection	A001
双刃粗镗刀说明 Instruction Of Two Flute Rough Boring Tool	A002
单刃精镗刀说明 Instruction Of Precision Boring Tool	A003
模块式组合示意图 Instruction Of Modular Combination	A005
BR 系列 E 接口粗镗刀 BR Rough Boring Tool With Type E Connection	A006
BR 系列 E 接口粗镗刀（背镗示意） BR Rough Boring Tool For Back Boring With Type E Connection	A007
矩形槽粗镗刀座 Cartridge With Rectangular Slot Guide For Rough Boring Tool	A008~A010
背镗刀座 Cartridge For Back Boring	A011
NBF 系列 E 接口小孔径微调精镗刀 NBF Mini Precision Boring Tools With Type E Connection	A012
小孔精镗刀杆（标准） Mini Precision Boring Bar	A013
小孔精镗刀杆（抗振型） Mini Anti-Vibration Precision Boring Bar	A014
小孔精镗刀杆变径套 Reduction Sleeve For Mini Boring Bar	A014
NBF 系列 E 接口微调精镗刀 NBF Mini Precision Boring Tool With Type E Connection	A015
NBF 系列 E 接口微调精镗刀（背精镗加工示意） NBF Precision Boring Tool For Back Boring With Type E Connection	A016
E 接口接长杆 Extension With Type E Connection	A017
E 接口缩径杆 Reduction With Type E Connection	A018
BT MAS403 标准 E 接口刀柄 MAS403 BT Adaptor With Type E Connection	A019
DIN69871-A 标准 E 接口刀柄 DIN69871-A Adaptor With Type E Connection	A020
BT MAS403 加长 E 接口刀柄 MAS403 BT Adaptor With Type E Connection (Long Version)	A021
DIN69871-A 加长 E 接口刀柄 DIN69871-A Adaptor With Type E Connection (Long Version)	A022
HSK E 接口刀柄 HSK Adaptor With Type E Connection	A023
莫氏镗刀柄 Morse Taper Adaptor For Boring Tool	A023
模块式 E 接口标准刀柄备件 Spare Parts And Accessories For Adaptor With Type E Connection	A024
模块式加长 E 接口刀柄备件和附件 Spare Parts And Accessories For Extension With Type E Connection	A025
镗刀 E 接口刀柄装配指南 Operating Instructions For Modular Boring System With Type E Connection	A026

CONTENTS

HOLE MAKING TOOLS 孔加工刀具 A

MODULAR BORING TOOL 模块式镗刀 A001~A048

模块式 K 接口原理及连接锁紧方式 Clamping Principle For Type K Connection	A028
CBR 系列 K 接口粗镗刀 CBR Rough Boring Tool With Type K Connection	A029
CBR 系列 K 接口粗镗刀（背镗示意） CBR Rough Boring Tool For Back Boring With Type K Connection	A030
CBF 系列 K 接口小孔径微调精镗刀 CBF Mini Precision Boring Tool With Type K Connection	A031
CBF 系列 K 接口微调精镗刀 CBF Precision Boring Tool With Type K Connection	A032
CBF 系列 K 接口微调精镗刀（背精镗加工示意） CBF Precision Boring Tool For Back Boring With Type K Connection	A033
硬质合金直柄 K 接口刀杆 Cylindrical Shank Solid Carbide Boring Bar With Type K Connection	A034
钢制直柄 K 接口刀杆 Cylindrical Shank Steel Boring Bar With Type K Connection	A034
粗套镗刀 Rough Boring Tool For External Turning	A035
精套镗刀 Precision Boring Tool For External Turning	A036
K 接口接长杆 Extension With Type K Connection	A037
K 接口缩径杆 Reduction With Type K Connection	A038
BT MAS403 30/40 K 接口刀柄 MAS403 BT30/BT40 Adaptor With Type K Connection	A039
BT MAS403 40/50 K 接口刀柄 MAS403 BT40/BT50 Adaptor With Type K Connection	A040
DIN69871 30/40 K 接口刀柄 DIN69871 SK30/SK40 Adaptor With Type K Connection	A041
DIN69871 40/50 K 接口刀柄 DIN69871 SK40/SK50 Adaptor With Type K Connection	A042
HSK K 接口刀柄 HSK Adaptor With Type K Connection	A043
矩形槽粗镗刀座 Cartridge With Rectangular Slot Guide For Rough Boring Tool	A044~A046
背镗刀座 Cartridge For Back Boring	A047
直压式精镗刀头 Axial Combination Precision Cartridge	A048

MICRON BORING TOOL 小孔径微米镗刀 A052~A055

MBF 系列 K 接口小孔径微米镗刀 MBF Micron Boring Tool With Type K Connection	A052
小孔径精镗刀杆变径套 Reduction Sleeve	A052
小孔径精镗刀杆 Mini Precision Boring Bar	A053

图 4-66 孔加工刀具目录（图片来源：松德数控）

MICRON BORING TOOL 小孔径微米镗刀 A052 ~ A055

MBF 系列 K 接口小孔径微米镗刀 MBF Micron Boring Tool With Type K Connection	A052
小孔径精镗刀杆变径套 Reduction Sleeve	A052
小孔径精镗刀杆 Mini Precision Boring Bar	A053
小孔径微米镗刀操作说明书 The Instruction Manual Of Micron Boring Tool	A054
小孔径微米镗刀套装 Micron Boring Tool Set	A055

图 4-67 超精密镗刀（小孔径微米镗刀）目录（图片来源：松德数控）

在这一目录上，可以找到相关的镗刀在 A49 ～ A54。

图 4-68 所示为超精密镗刀的镗刀体（图左上红框）、刀杆（右上篮框）及刀片（右下绿框）的规格。该选的各部件分别是：

镗刀体：MBF D0.4-12.K40.Z1.63.C（唯一选项）；

刀 杆：HT10E D11-12.WB060102.36.C（ 另外一个相应直径的 HT10E D10-11.WB060102.33.C 有效长度 33mm，不能符合本案例镗孔深度 35mm 的要求）。

刀片：WB…0601…（刀片选择请参见《数控车刀选用全图解》一书）。

主柄尚未选择（图 4-68 所示的镗刀体

DAMPING TOOLS　小孔径微米镗刀
MBF系列K接口小孔径微米镗刀
MBF Micron Boring Tool with Type K Connection

小孔径微米镗刀，微调精度每格直径0.001mm，加工范围$\phi0.4\sim\phi12$，圆柱模块式K接口，带配小孔径精镗刀杆。
Micron boring tool has a highly precise adjustment mechanism, 1 DIV=0.001mm in diameter, and the diameter range is $\phi0.4\sim\phi12$. High rigidity thanks of cylindrical modular connection type K. Boring bars for the body.

规格型号 Designation	D_c/mm	L/mm	D/mm	d/mm	质量/kg	适配刀杆 Boring bar	在库 Stock
MBF D0.4-12.K40.Z1.63.C	0.4~12	63	40	10	0.58	MBF C10-3+HT03E... / MBF C10-5+HT05E... / HT10E...	●

- 适配刀杆精镗刀杆需单独订购，请参照：A051 页
- 适配刀片需单独订购，请参见：A039～A043 页
- 订货示例：1件MBF D0.4-12.K40.Z1.63.C
- 最高转速可达：24000r/min
- 刀体带有动平衡调整机构
- 刀具调整后无须锁紧
- 带内冷

小孔径精镗刀杆变径套
Reduction Sleeve

适用于 HT05E /HT05E. 小孔径精镗刀杆
It is suitable for HT05E /HT05E. mini precision boring bar

2×M4

规格型号 Designation	d/mm	D/mm	D_1/mm	L_1/mm	L/mm	在库 Stock
MBF C10-3	3	10	14	20	34	●
MBF C10-5	5	10	14	20	34	●

- 订货示例：1件 MBF C10-5
- Ordering sample: MBF C10-5 1piece

DAMPING TOOLS　小孔径微米镗刀

小孔径精镗刀杆
Mini Precision Boring Bar

适配于小孔径微米镗刀，硬质合金材。
It is for the micron boring tool, made of solid carbide.

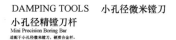
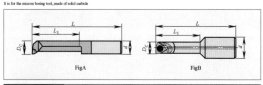

FigA　　FigB

规格型号 Designation	D_c/mm	d/mm	L/mm	L_1/mm	刀片 Insert	Fig	在库 Stock
HT03E D0-4.2	0.4	3	38	2		A	
HT03E D0-6.3	0.6	3	38	3		A	
HT03E D0-8.3	0.8	3	38	3		A	
HT03E D1-8.5	1.0	3	38	5		A	
HT03E D1-2.5	1.2	3	38	5		A	
HT05E D1-8.10	1.5	3	38	10		A	
HT05E D02-03.10	2.0	3	38	10		A	
HT05E D03-04.10	3.0	3	38	10		A	
HT05E D04-05.13	4.0	5	46	13		A	
HT05E D05-06.16	5.0	5	50	16		A	
HT10E D06-07.WB060102.21.C	6.0	10	38	21	WB..0601	B	
HT10E D07-08.WB060102.24.C	7.0	10	42	24	WB..0601	B	
HT10E D08-09.WB060102.27.C	8.0	10	46	27	WB..0601	B	
HT10E D09-10.WB060102.30.C	9.0	10	46	30	WB..0601	B	
HT10E D10-11.WB060102.33.C	10.0	10	46	33	WB..0601	B	
HT10E D11-12.WB060102.36.C	11.0	10	50	36	WB..0601	B	

- $D_c0.4\sim6$的整体硬质合金精镗刀杆最低订货量5支／次
- HT03E刀杆使用MBF C10-3变径套夹持，请参见：A050 页
- HT05E刀杆使用MBF C10-5变径套夹持，请参见：A050 页
- 刀片请根据不同材料单独订购，请参见：F002 页
- 订货示例：5件 HT05E D04-05.13
- MCQ for $D_c0.4\sim6$ mini solid carbide boring bar is 5pcs
- HT03E boring bar should be clamped by C10-3 reduction sleeve, please see next page A050
- HT05E boring bar should be clamped by C10-5 reduction sleeve, please see next page A050
- Insert should be ordered separately, please see next page F002
- Ordering sample: HT05E D04-05.13 5pcs

备件
Spare Parts

刀片 Insert	刀片螺钉 Clamping screw for insert	螺钉扳手 Allen key
WB..0601	SR20 M2x3.5	KEY02 T6

图 4-68　超精密镗刀样本页（图片来源：松德数控）

不能直接装于机床，必须有相应的主柄才能安装到 BT40 的主轴内孔）。

图 4-69 是松德数控样本 A53 页超精密镗刀套装样本页，从含刀柄部分（图中竖向红色箭头所指红框）和其中符合 BT40 主轴的（图中横向篮框）中可以找到相应的刀柄为：BT40 K40×50。该刀柄位于样本 A39 页，简图如图 4-70 所示。

最后，该镗刀（不含刀片）由以下部件组成。

刀柄：BT40 K40×50。

镗刀体：MBF D0.4-12.K40.Z1.63.C。

镗杆：HT10E D11-12.WB060102.36.C。

图 4-71 所示为选刀结果示意图。该镗刀的刻度为 $\phi0.001$mm，并配有动平衡调整环（参见图 4-52），能满足本案例中高精度、高转速的加工需要。

而对于加工含硅的铸造铝合金（本案例为 ZAlSi12），建议使用聚晶金刚石（PCD）材质的刀片来进行镗削加工。

DAMPING TOOLS 小孔径微米镗刀

小孔径微米镗刀套装
Micron Boring Tool set
小孔径微米镗刀套装（φ0.4~φ12），精镗头调整精度φ0.001/每格
Micron boring tool set（φ0.4~φ12）
Adjustable accuracy: φ0.001mm /dial

订购型号 Ordering model	直径范围/mm Diameter range	含刀柄/mm Include adaptor	含镗刀和附件 Include boring bar and spare parts	适用机床主轴 Adapted spindle
KIT BT30.MBF D0.4-12.A	φ6~φ12	BT30 K40×50	A型	BT30
KIT BT40.MBF D0.4-12.A	φ6~φ12	BT40 K40×50	A型	BT40
KIT BT50.MBF D0.4-12.A	φ6~φ12	BT50 K40×70	A型	BT50
KIT DIN69871.30.MBF D0.4-12.A	φ6~φ12	DIN69871 30 K40×50	A型	DIN69871 30
KIT DIN69871.40.MBF D0.4-12.A	φ6~φ12	DIN69871 40 K40×50	A型	DIN69871 40
KIT DIN69871.50.MBF D0.4-12.A	φ6~φ12	DIN69871 50 K40×70	A型	DIN69871 50
KIT BT30.MBF D0.4-12.B	φ3~φ12	BT30 K40×50	B型	BT30
KIT BT40.MBF D0.4-12.B	φ3~φ12	BT40 K40×50	B型	BT40
KIT BT50.MBF D0.4-12.B	φ3~φ12	BT50 K40×70	B型	BT50
KIT DIN69871.30.MBF D0.4-12.B	φ3~φ12	DIN69871 30 K40×50	B型	DIN69871 30
KIT DIN69871.40.MBF D0.4-12.B	φ3~φ12	DIN69871 40 K40×50	B型	DIN69871 40
KIT DIN69871.50.MBF D0.4-12.B	φ3~φ12	DIN69871 50 K40×70	B型	DIN69871 50
KIT BT30.MBF D0.4-12C	φ0.4~φ12	BT30 K40×50	C型	BT30
KIT BT40.MBF D0.4-12C	φ0.4~φ12	BT40 K40×50	C型	BT40
KIT BT50.MBF D0.4-12C	φ0.4~φ12	BT50 K40×70	C型	BT50
KIT DIN69871.30.MBF D0.4-12C	φ0.4~φ12	DIN69871 30 K40×50	C型	DIN69871 30
KIT DIN69871.40.MBF D0.4-12C	φ0.4~φ12	DIN69871 40 K40×50	C型	DIN69871 40
KIT DIN69871.50.MBF D0.4-12C	φ0.4~φ12	DIN69871 50 K40×70	C型	DIN69871 50

A型(Type A)	B型(Type B)	C型(Type C)
MBF D0.4-12.K40.Z1.63.C	MBF D0.4-12.K40.Z1.63.C	MBF D0.4-12.K40.Z1.63.C
HT10E D06-07.WB060102.21.C	MBF C10-5	HT03E D0.4.2
HT10E D07-08.WB060102.24.C	HT05E D03-04.10	HT03E D0.6.3
HT10E D08-09.WB060102.27.C	HT05E D04-05.13	HT03E D0.8.3
HT10E D09-10.WB060102.30.C	HT05E D05-06.16	MBF C10-3
HT10E D10-11.WB060102.33.C	HT10E D06-07.WB060102.21C	MBF C10-5
HT10E D11-12.WB060102.36.C	HT10E D07-08.WB060102.41C	HT03E D01-02.5
WBGT 060102	HT10E D08-09.WB060102.27C	HT03E D02-03.10
	HT10E D09-10.WB060102.30C	HT05E D03-04.10
	HT10E D10-11.WB060102.33C	HT05E D04-05.13
	HT10E D11-12.WB060102.36C	HT05E D05-06.16
	WBGT 060102	HT10 D06-07.WB060102.21.C
		HT10 D07-08.WB060102.24.C
		HT10 D08-09.WB060102.27.C
		HT10 D09-10.WB060102.30.C
		HT10 D10-11.WB060102.33.C
		HT10 D11-12.WB060102.36.C
		WBGT 060102

图 4-69　超精密镗刀套装样本页（图片来源：松德数控）

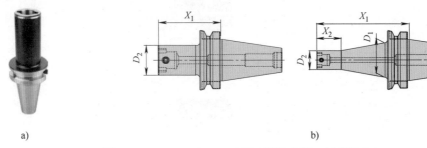

a)　　　　　　　　　　　　　　b)

图 4-70　BT40 K40×50 刀柄（图片来源：松德数控）

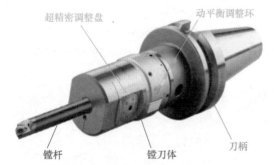

超精密调整盘　　　动平衡调整环

镗杆　　镗刀体　　刀柄

图 4-71　选刀结果示意图
（图片来源：松德数控）

4.6.2　深孔精镗

图 4-72 所示为深孔加工案例。该工件加工要求：φ150H8（$^{+0.063}_{0}$），深 730mm 的通孔，工件材质为球墨铸铁 QT400，粗加工采用了标准镗刀两端镗方式；加工机床为立式加工中心，主轴接口为 BT50。

■ **确定加工方案**

本案例长径比较大，按标准镗 φ150mm 孔的桥式镗刀的刀柄直径 80mm 计算，长

径比已近 10 倍。按照通常镗孔钢制刀杆长径比不超过 4 倍，硬质合金刀杆长径比不超过 6 倍的标准（参见《数控车刀选用全图解》图 3-135），普通的钢制刀杆或硬质合金刀杆均难以符合加工需求。

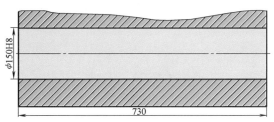

图 4-72　深孔加工案例
（图片来源：松德数控）

图 4-73　深孔减振镗刀（图片来源：松德数控）

　　松德数控推荐在其标准抗振刀杆的基础上使用深孔减振镗刀（图 4-73）来满足这一案例的加工需求（刀具总悬伸 784mm，可镗孔长度 746mm，刀具重量达 30kg 以上，前端图样振幅曲线位置即为阻尼减振系统所在位置）。松德介绍，此案例主要应用了两个方面的优化：一是刀杆长度按照案例的要求设计，使得刀杆的刚性得到了提升；二是使用了减重刀杆（图 4-61）以尽可能减轻镗刀自重。

　　图 4-74 所示为深孔减振镗刀安装调试。该镗刀实际使用参数如下：

转速 n：220r/min；

切削速度 v_c：103m/min；

切削直径 D_m：150mm；

切削长度 L_m：730mm；

进给量 f_z：0.1mm/z；

进给速度 f_n：22mm/min；

切削深度 a_p：0.15mm；

镗孔时间 T_m：33min。

图 4-74　深孔减振镗刀安装调试
（图片来源：松德数控）